环境艺术设计
理论与应用

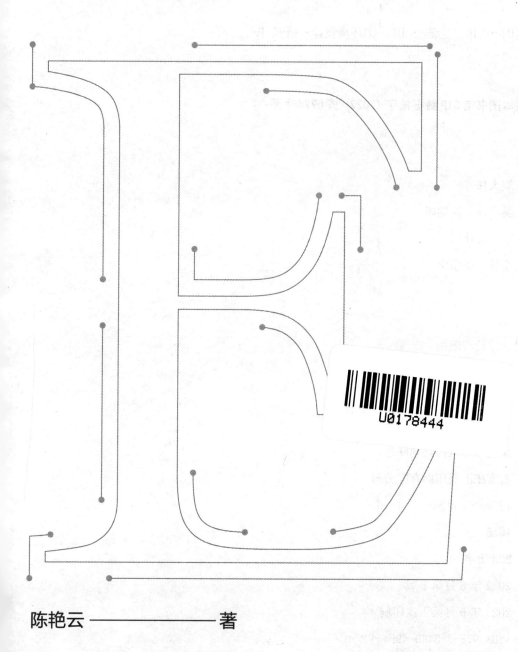

陈艳云 —————— 著

云南出版集团　云南美术出版社

图书在版编目（CIP）数据

　　环境艺术设计理论与应用 / 陈艳云著 . -- 昆明 ：
云南美术出版社， 2022.6

　　ISBN 978-7-5489-4954-1

　　Ⅰ . ①环… Ⅱ . ①陈… Ⅲ . ①环境设计－研究 Ⅳ .
① TU-856

中国版本图书馆 CIP 数据核字（2022）第 097489 号

出　版　人：刘大伟

责任编辑：吴　洋　陈铭阳

装帧设计：泓山文化

责任校对：李林　张京宁

环境艺术设计理论与应用

陈艳云　著

出版发行	云南出版集团　云南美术出版社
社　　址	昆明市环城西路 609 号
印　　刷	石家庄汇展印刷有限公司
开　　本	787mm×1092mm　　1/16
印　　张	10.5
字　　数	223 千字
版　　次	2022 年 6 月第 1 版
印　　次	2022 年 6 月第 1 次印刷
书　　号	ISBN 978-7-5489-4954-1
定　　价	58.00 元

前　言

　　环境艺术不是纯欣赏的艺术，是人创造的、人类生活的艺术化的生存环境空间，它始终与使用联系在一起，并与工程技术密切相关，是功能、艺术与技术的统一体。环境艺术设计的主体是人，人与环境之间存在着相互联系、相互作用、相互影响，既对立又统一的关系。

　　环境艺术设计是指为社会公众创造更好的，以生存、生活、发展环境为目的的整体设计，是营造理想生活空间的设计行为和设计方法。本书主要从理论基础、基本构成、表现形式等方面阐述了环境艺术设计理论，中间部分主要写设计材料与环境艺术设计的种类，后续章节主要表现的是环境艺术设计的应用。比如在介绍室内环境、城市居住环境以及城市地下空间环境时分别展开描述了环境艺术设计在方方面的应用，因为环境艺术设计所涉及的学科很广泛，主要有建筑学、城市规划学、景观设计学、设计美学、环境美学、文化学、民族学、环境行为学等，所以环境艺术设计可以在生活中的方方面面体现出来。

　　在本书的策划和编写过程中，参阅了大量的有关文献和资料，由此得到启发；同时也得到了有关领导、同事、朋友的大力支持与帮助。在此致以衷心的感谢！由于网络信息安全的技术发展非常快，本书的选材和编写还有一些不尽如人意的地方，加上编者学识水平和时间所限，书中难免存在缺点和谬误，敬请同行专家及读者指正，以便进一步完善提高。

前　言

目　录

第一章 环境艺术设计理论基础

第一节 环境艺术设计基础

一、环境艺术设计的界定

（一）环境艺术设计的概念

相较于建筑学、美学史等经历过相当长历史发展时期的学科而言，环境艺术设计是一门新兴的设计学科与行业。它是以环境与人的关系为主要研究对象的综合性艺术学科。从这个学科专业的名称出发，它首先是被限定于"环境"这个广大的范围中。这是一个特定的研究对象和领域。其次，它是在这个既定的范围内进行的"艺术设计创造"。这指出了学科专业是一门应用性学科门类，并且与艺术结合，是偏重于这个方向的，而不是将专业侧重点定位在技术方面或是其他。

对于环境艺术设计的概念，从不同的角度出发，有着不同的理解。比如对环境中各类要素（包括自然要素与人工要素）的关系进行分析研究，并通过艺术的手法进行一定的干预与处理，以达到对环境中的人产生某种积极意义的目标，那么从这个角度理解的环境艺术设计则是侧重于"处理关系的艺术"；如果从美学角度出发，环境艺术设计的目的在于通过积极探索并重新组合，创造出环境各要素间新的良好关系，使所产生的整体艺术效果为环境带来美好的意义，从这个角度理解的环境艺术设计则可以称之为"美的艺术"；如果从时空角度出发，与设计相关的环境各要素（例如时间、具体空间场所等），以及环境中的人都是不断变化的，这决定了环境艺术设计是一个富于动态的艺术创作过程，是一种"时空表现的艺术"；还有从人的认知角度出发，整个环境艺术设计的过程从对于空间环境的感知开始，经历设计阶段的理性思考与感性思维，并最终形成良好、积极的设计成果，则可以认为，环境艺术设计在这个层面内，是一种"感性与理性相结合的创造性艺术"；等。这些对于环境艺术设计概念的理解，都是建立在一定的客观角度之上。

在实际的研究与设计中，环境艺术设计的这种"创造、协调与建设"是落实在具体工作中的。概念包括的范围可以很广泛，但现今环境艺术设计的工作重点仍然是以室内空间环境设计和外部空间环境设计为主，兼顾其他方面。

（二）环境艺术设计的范畴

从广义上讲，环境艺术设计的范畴非常广泛。任何涉及环境自身、人、环境与人的关系的方面均被这一学科纳入其研究范围。

就环境来说，它是围绕着人类这个主体而发生作用的客体存在，既包括以空气、水、土地、植物、动物等为内容的物质因素，也包括以观念、制度、行为准则等为内容的非物质因素；既包括自然因素，也包括社会因素；既包括非生命体形式，也包括生命体形式。通常按环境的属性，将环境分为三个种类：

1. 自然环境

指未经过人的加工改造而天然存在的环境系统。包括大气环境、水环境、土壤环境、地质环境和生物环境等。

2. 人工环境

指在自然环境的基础上经过人的加工改造所形成的环境及其系统，或人为创造的环境。与自然环境的区别，主要在于人工环境一般是按照人们的意愿，对客观存在的自然物质的形态做出了较大的改变，使其失去了原有的面貌。

3. 社会环境

指由人与人之间的各种社会关系所形成的环境，包括政治制度、经济体制、文化传统、社会治安、人际交往、邻里关系等。

对于环境艺术设计而言，自然环境的各种特征是被人们逐渐认识的。这种认识从主观到客观，从单一到系统化、科学化，逐步形成关于自然环境的各个学科门类，这是设计的基础。人工环境的各个方面是环境艺术设计的主体，包括与我们生活密切相关的环境场所设计，城市整体或区域景观设计，居住区设计，商业中心设计，滨水区设计，广场、道路设计，建筑组群、单体设计，建筑装饰设计、环境小品设计等。而社会环境通常是环境艺术设计经过努力力求影响和引导的方面，所以也与之相关。例如经过对一个旧有生活片区的改造设计，可以激发地区活力，影响此地区人们的生活、交往、消费，进而使邻里关系更为融洽等。

就与艺术结合这一层次来说，环境艺术设计的范畴包括了艺术中所涉及的很多方面。其中有与美术学交叉的部分，如设计中关于美的审视、运用和鉴赏、评价；对传统中国画美的意境的追求；雕塑、陶艺、铁艺小品的运用；建筑美学的引导方式；摄影技巧的灵活运用等。还有与音乐学交叉的部分，如环境设计中声环境的营造。也有与文学交叉的部分，如在设计中运用小说学中的创作构思方式；在环境文化意境的创造中巧妙借用诗学的相关内容等。

其实环境艺术设计在关注诸多方面的同时都涉及了人类本身。人性的特点如亲近大自然（心理与行为）、交流与沟通，对美好、方便的生活环境的追求等，都是环境艺术设计研究的内容。其目的就在于为人类创造出符合人们需要（生理、心理）的，能适应人类各项活动要求，舒适宜人的空间环境。

从狭义上说，环境艺术设计是研究各类环境中静态实体、动态虚形以及它们之间关系的功能与审美问题。静态实体包括环境中客观存在的，具有相对静态属性的、具体的物质对象，也就是我们平常都可以感知到的环境实体要素及各类设施。例如墙面、各类家具组成、装饰构件、静态水体、外部空间环境植物组成、各类建筑小品等。动态虚形包括空间环境中具有动态属性的各类要素以及由它们创造出的,可以通过具体分析理解的抽象虚体形态。处理好这些内容之间的关系,环境就可以达到一种相对平稳的、合理的状态,再通过创造使其具有良好的审美感受,带给人们精神上的满足,在环境中产生愉悦的情感,这就是环境艺术设计的目的。

在了解了环境艺术设计的概念和范畴的基础上,我们还需要有一套科学的学习与研究方法。

其一,分块分章节学习与整体知识体系的构建。环境艺术设计的内容分类很清晰,例如材料、色彩、采光与照明、施工工艺、技术方法等,需要我们分块分章节系统学习。同时,作为整体的知识体系,它的各部分内容又密不可分,在实践中也是综合运用的。我们一定要将各部分知识相融合,形成一个整体的学科专业知识框架。

其二,阶段性学习与温故不间断学习相统一。学习与研究环境艺术设计,每一门具体的课程都是有时间约束的,是阶段性的。但是从事这个行业,为其发展做出贡献又会是一个不间断的过程。当我们不断温故,才能够知新,阶段性学习和循环往复的不间断学习彼此并不矛盾,是相统一的。

其三,从实践工作出发的经验总结与理论相结合。环境艺术设计的理论基础来源于实践工作,实践为理论研究提供着源源不断的、新的各类信息与经验,进展中理论研究又会反过来指导着实践。学习与研究环境艺术设计,切不可抛开实际,埋头书本,也不可在不懂理论知识的境况下盲目实践。只有两者相结合,才是科学的学习方法。

二、环境艺术设计的特征与功能

(一)环境艺术设计的特征

1.观念的特征

环境艺术观念的发展标准,是指要在客观条件基础上建立协调的自然环境关系,这就决定了环境艺术设计必然要与其他学科交叉互存。不仅要将城市建筑、室内外空间、园林小品等有机结合,而且要形成自然协调的关系。这与从事单纯自我造型艺术不同,在设计中要兼顾整体环境的统一协调,形成一个多层次的有机整体。

在进行整体设计时,相对于环境的功效,艺术家的创作不仅需面对节能与环保、循环调节、多功能、生态美学等一系列问题,同时还要关注美学领域,在进行艺术设计时表现在环境效益方面比较集中。通常情况下,城市环境景观设计在原有景观设计基础上进行整体规划设计,充分考虑环境综合效益,并将环境和美观集中体现,这就要求设计者具有前瞻性的思考和创新。

在充分考虑功能及造价的前提下,在营造环境的过程中,以动态的视点全面地看待个性的作用,把技术与人文、经济、美学、社会、技术与生态融合在一起,因地制宜地处理相互关系,求得最大效益,使环境艺术设计最佳,从而形成持久发展。

所以,环境艺术设计中对整体设计观念的把控尤为重要,在设计中不仅放眼城市整体环境,而且要在设计前展开周密的计划和研究，权衡利弊，科学合理地进行综合设计。

2. 文化特征

文化特征体现了城市居民在文化上的追求，环境艺术是集中表现民族、时代科技与艺术发展水平的表现形式，同时也反映了居民当下的意识形态和价值观的变化，是时代印记的真实写照。

（1）继承发展传统文化

城市总有旧的痕迹留下，因此，在对传统建筑中选址、朝向等涉及风水学意义的部分充分吸收的前提下，更要把握好鲜明的生态实用性。比如，在建筑周围植树木和竹林就可以起到防风的作用，因此，在设计中要考虑人与自然生态的协调统一的互存关系。

此外，在环境设计中要结合当地文化背景和当地社会环境，适当融入传统主义设计风格，在进行标新的同时还要继承和体现出国家、民族和当地建筑传统主义风格，从而实现传统与现代主义风格的完美结合。

（2）挖掘体现地域文化

通常，由于乡土建筑是历史空间中经年累月产生的，所以它符合当地气候、文化和象征意义，这不仅是设计者创作灵感的源泉，同时，技术与艺术本身也是创作中充满活力的资源和途径。

此外，这类研究大都有两种趋向，如下：

① "保守式"趋向：运用地区建筑原有方法，在形式运用上进行扩展。

② "意译式"趋向：指在新的技术中引入地区建筑的形式与空间组织。

乡土建筑与环境置身于地域文化之中，受生产生活、社会民俗、审美观念、地域、历史、传统的制约，因此，在研究中应该给予对深厚文化内涵的挖掘和创新。

3. 地域性特征

在现代环境艺术设计中，地域性特征是整个环境设计中重要的组成部分，表现有三。

（1）地理地貌

地理地貌是环境中的固定特征之一。每个地区的地理和地貌情况都不尽相同。这些包括水道、丘陵、山脉等在内的宏观地貌特征会随时表现在环境塑造设计中。因此，在环境设计中，地貌差异对敏感的设计师来说有很大的诱惑力，在这样的设计中，他的设计构思可以很好地表现出来，在设计中运用生活素材，弥补不利的设计条件。

水在城市设计中是很好的风景，不仅能够起到滋养城市生命的作用，而且能够保障天然岸线形式，是一种独特的构想，能够增加自然情趣，强化人工绿化作用，使景观风景靓丽新颖。不同地域水的形态折射构成了城市的人文风情和城市地标。而且，水在强化城市景观作用的同时，其重要性及其历史地位不言而喻，如果能够拥有具有代表性的河道，那么其重要性完全可以胜过一般的市级街道。但我们应该注意的是，目前，许多地方河水的静默与永恒会成为它被忽视的原因，因此，在环境艺术设计中，就更要科学合理地进行设计和运用。

此外，对水的珍视不能限于水面清洁和不受污染，还要重视水面的重要作用，使其成为优化生活的景观。在环境设计中，应首当呵护水面，整理岸线，保护天然地貌特征，不破坏历史遗留或痕迹。

（2）材料地方化

对于古老的建筑历史来说，在设计中往往采取就地取材的方式，早期天然材料就有石料、木材、黄土、竹子、稻草以及冰块等，其丰富程度可想而知。因此，从现代建筑思想出发，铜材、玻璃、混凝土这些材料在环境设计中往往没有地方差异，甚至完全摆脱了地域性自然特征的痕迹。由此可见，"现代主义"建筑是同质化形式最集中的建筑表现形式，而当环境艺术设计在人文和个性思想设计中间寻找出路的时候，它带来的或许是一种新的建筑主义思想风格。

因此，在现代环境设计中，人对材质特征的认识，往往表现得更加明确主动，有更强的表现力。比如，在对环境艺术设计中地面的铺装过程中，在充分吸收传统地面铺装模式和材料的基础上，开发新的设计和加工工艺以及新材料的应用将更加实用化；在使用地方材料基础上，最大程度考虑当地特征，如苏州园林的卵石地面铺装，不同形式的拼装呈现出不同的环境艺术魅力。

此外，现代的地方化观念还给人们一个启发，就是人们对材料的认识应该有所扩展，应该多元化。配合精致严谨的加工，借助材质变化去实现设计的有效性，运用同种材料营造不同的加工效果，这些都是很好的方法，具有独特的效果。

（3）环境空间地方化

环境的空间构成比较复杂，尤其是对具有一定历史渊源的城市建筑而言，这些建筑的分布具有一定的稳定性，其所呈现出来的形式表现如下。

①当地城市人群的生活和文化习惯。

②当地城市地貌情况，即便地貌情况一致，依旧存在差异。

③历史的沿革，包括年代的变革与文化渗透等。

④人均土地占有量。

此外，对于城市风貌的载体来说，有一些并非完全由建筑样式所决定。如北京胡同、上海里弄、苏州水巷等，在实际的生活中，人们的实际活动大都发生在建筑之间的空白处，即街道、广场、庭院、植被地、水面等。因此，我们可以把不同地方的城市空间构成做一个相互间的比较，从而看出异地空间构成的区别。

由此可见，在不同的地方，人们使用建筑外的环境，要考虑生活行为的需要，不论是空间的排布方式、大小尺度，还是兼容共享和独有专用的喜好，在环境设计中，都应该提出地方化的答案。应该注意的是，虽然这些答案不一定是容纳生活的最佳设计方式，但只要是经过生活习惯的认同，能够在人们的心理上形成一种独有的亲和力，那么就可以看作成功的设计。

城市环境包含形式和内容两部分，建筑的外部空间是城市的内容，它不是任意偶发、杂乱

无序的，而是深刻地反映着人类社会生活的复杂秩序。因此，作为一个环境设计师，在设计的过程中，必须使自己具备准确感知空间特征的能力，训练分析力，判定空间特征与人的行为之间存在的对应关系。

4. 环境与人相适应的特征

环境是人类生存发展的基本空间，人们往往通过亲身实践来感知空间，人体本身就成为感知并衡量空间的天然标准。也因此，人与环境之间进行信息、能量、物质，进行感知、交换和传达的平衡过程中成为室内外环境各要素中最基本的因素。

环境是作用于主体并对其产生影响的一种外在客观物质，在提供物质与精神需求的同时，也在不断地改造和创建自己的生存环境。可见，环境与人是相互作用、相互适应的，并随着自然与社会的发展处于变化之中。

（1）人对环境

现代环境观念体现在人对环境的"选择"和"包容"中。因此，在从事研究和设计时，要对那些即将消亡但并无碍于生活发展的建筑和设计进行有效的保护，有意识地进行挖掘和研究。每个城市由于其发展的独特性不同，其多样性和个性在一定程度上更加彰显各自生命力。因此，在城市建设中，要避免出现导致环境僵化和泯灭的设计，为了保全城市特色，甚至可以在城市风格上进行创新思维。所以，在进行环境艺术设计过程中，要在保全原有特色基础上，并在不破坏环境的前提下，充分发挥创造力，使其达到高度融合。

（2）环境对人

马斯洛在《人类动机理论》一书中提出"需要等级"理论，分别为生理需求、安全需求、社会需求、自尊需求和自我实现需求五种主要需求。由于时期和环境的不同造成人们对需求的强烈程度会有所不同。在环境艺术设计中，五种需求往往与室内外空间环境密切相关，对应关系如下：

①空间环境的微气候条件——生理需求。

②设施安全、可识别性等——安全需求。

③空间环境的公共性——社会需求。

④空间的层次性——自尊需求。

⑤环境的文化品位、艺术特色和公众参与等——自我实现需求。

通过以上比对可以发现，在环境空间设计中，优先满足低层次需求是保证高层次需求运行的基础。

5. 生态特征

当今社会，由于工业化进程逐渐加快，人们的生活发生了翻天覆地的变化。同时，工业化城市进程的加快也造成了自然资源和环境的衰竭。气候变暖、能源枯竭、垃圾遍地等负面环境因素的影响，成为城市发展中不可回避的话题。因此，在对城市进行环境艺术设计过程中，就必须将经济效益与环境污染综合考量，避免以牺牲环境为代价来发展经济，这是每个环境艺术设计工作者共同面对的话题。

人类发展与自然环境相互依存，城市是人类在群居发展过程中文明的产物，人们更多地将自身规范在自然环境以外，而随着人类对于自然的认识逐渐加深以及对于回归自然的渴求，更大限度地接近自然成为近年来环境艺术设计的热门话题。

自然景观设计之于人，其主要功能表现在以下几方面。

（1）生态功能：主要针对绿色植物和水体而言，能够起到净化空气、调节气温湿度，降低环境噪声等功能。

（2）心理功能：日益受到重视，自然生态景观设计能够平和心态，缓解压力，放松心情，平静中享受安详，除烦去燥。

（3）美学功能：使人获得美的享受与体会，往往能够成为人们的审美对象。

（4）建造功能：提高环境的视觉质量，起到空间的限定和相互联系的作用。

我们可以办公室设计为例，在办公空间的设计中，"景观办公室"成为流行的设计风格，它改变以往现代空间主义设计，最大程度回归自然，在紧张烦琐的工作之余尽享人性和人文主义关怀，从而达到最佳的工作效率和创造良好和谐的工作氛围。

此外，以多种表现手法进行室内共享空间景观设计，主要表现如下。

（1）共享空间是一种生态的空间，把光线、绿化等自然要素最大限度地引入室内设计中来，为人们提供室内自然环境，使人们最大限度接触自然。

（2）具有生态特征的环境设计应是一个渐进的过程，每一次设计都应该为下一次发展留有余地，遵守"后继者原则"，承认和尊重城市环境空间的生长、发展、完善过程，并以此来进行规划设计。

因此，在设计过程中，每一个设计师既要展望未来，又要尊重历史，以保证每一个单体与总体在时间和空间上的连续性，并在此基础上建立和谐对话关系。从整体考虑，做阶段性分析，在环境的变化中寻求机会，强调环境设计是一个连续动态的渐进过程。

（3）我们在建造中所使用的部分材料和设备（如涂料、油漆和空调等），都在不同程度上散发着污染环境的有害物质。这就使现代技术条件下的无公害、健康型的建筑材料的开发成为当务之急。因此，只有当绿色建材的广泛开发且逐步取代传统建材而成为市场上的主流时，才能改善环境质量，提高生活品质，给人们提供一个清洁、优雅的环境艺术空间，保证人们健康、安全地生活，使经济效益、社会效益、环境效益达到高度的统一。

（二）环境艺术设计的功能

从整体上来看，环境艺术设计的功能主要表现在三个方面，分别是物质功能、精神功能以及审美功能。

1. 物质功能

环境作为满足人们日常室内外活动所必需的空间，实用性是其基本功能，儿童在幼儿园的学习、活动，学生在教室里上课，成年人在办公室工作，老年人在家中种花，人们在商场内购物，都体现物质功能。

（1）满足生理需求

空间设计要能够达到可坐、可立、可靠、可观、可行的效果，要能够合理组织，满足人们日常生活中对它的需求，其距离、大小要能够满足人的需要，尤其是自然采光、人工照明、声音质量、噪声防潮、通风等生理需求，使环境更好地实现这些功能。

环境及其设施的尺度与人体比例具有密切关系，因此，在设计中，设计者应了解并熟悉人体工程学，对于不同年龄、性别人的身体状况有足够了解。此外，除了一般以成年人的平均状况为设计依据以外，还要注意在特定场所的设计中要充分考虑到其他人群的生理、心理状况。

（2）满足心理需求

环境艺术设计为人们提供的领域空间有如下几个分类。
①原级领域：如卧室、专用办公室。
②次级领域：如学校、走廊等。
③公共领域：如大型超市、公园等。

在环境设计中，空间不仅应满足视、听隔绝的要求，而且应提供使用者可控制的渠道，例如，对居住区而言，住宅单元到小区，再到居住区的层层扩展，就能构成渐变的亲密梯度。

（3）满足行为需求

在设计的各个阶段中，人的行为与基地环境相配合，在设计中，空间关系与组织以及人在环境中行进的路线都应该成为主要考虑的因素。

由于不同人群在不同环境中有着不同的行为，具体环境也存在类型的差异空间形态，因此，在设计中，空间特征以及设计要求都会针对不同的功能，有不同侧重。如住宅一般包括客厅、起居室、书房、卧室、厨房、餐厅、卫生间等，满足居室主人会客、休憩、阅读、饮食、娱乐等日常行为需求。

文教环境主要是指各种校园以及城市图书馆等构成的环境空间。如学校在环境中大都划分为静区与闹区。因此，在环境艺术设计中，应反映学校精神面貌以及积极进取的气息，注重树木、公共绿地、喷泉、雕塑、壁画、设施等的应用，深入分析需求细节，从而更好地设计，满足师生学习、阅读、饮食、运动等行为需求。

商业环境的优劣直接关系人们的购买行为。商业环境包括商店内部购物环境和购物的外部环境。因此，在设计中要体现舒适性、宜人性和观赏性，满足人们行、坐、看的行为需求，增强购物欲望，丰富艺术趣味和文化气息。

街道环境包括街道设施及其两侧的自然景观、人工景观和人文景观。在设计中要满足汽车、人力车及步行的行为要求，调节视觉疲劳功效，引起人们的审美活动。在一定的空间范围内，在设计中要让人们免受车辆的干扰，保证人的安全，满足人的行为需求。

2. 精神功能

物质环境借助空间反映精神内涵，给人们情感与精神上的启迪。尤其是具有标志性与纪念性的空间，如寺观园林、教堂与广场等。景观形态组织完全服务于思想空间气氛，引起精神上的共鸣。

（1）形式象征

在环境艺术设计中，表达含义最基本的是从形式上着手，尤其是在中国古典园林中更是如此。在园林设计中，尽管不是真的山水，但由它的形象和题名的象征意义可以自然地联想，引起人情感上的共鸣。

此外，在用形式表达含义与象征时，可以使用抽象手法。有时一个场地最明显的独特之处是与之相联系的东西。

（2）理念象征

环境艺术设计中由于人的介入而被改造创建，因此必然具有理念上的含义。比如住宅常常表达着"港湾"的理念。因此，设计者要表达理念的深层含义，往往需要使用者或观者具有一定的背景知识，通过视觉感知、推理、联想才能体验得到。

3. 审美功能

审美活动是一种生命体验，因此，作为生命体验的审美活动是主体对生命意义的把握方式。在艺术设计中，对美的感知是一个综合的过程，环境艺术设计的物质功能需要满足人们的基本需求，精神功能满足人们较高层次的需求，而审美功能则满足对环境的最高层次的需求。可以说，环境艺术具有审美上的功能，更像是一件艺术品，在实际中给人们带来美的享受。

由此可见，环境艺术的形式美是对形式的关注，在设计中环境艺术造型可以产生形式美、尺度、均衡、对称、节奏、韵律、统一、变化等会建立一套和谐有机的秩序，从而有助于带给人们行为美、生活美、环境美。

三、环境艺术设计的要求与原则

（一）环境艺术设计的要求

环境艺术设计对我们的学习和设计工作有着总体的概括性要求，可以总结为：在人与环境和谐的基础上强调设计的创新与个性。

1. 注重创造人与自然的和谐关系

这项要求是从环境、人与环境关系的层面出发的，是设计发展的基础。追求人与自然的和谐，不是近年来出现的新思想，它是中国几千年传统文化的主流。和谐，即配合得适当和匀称。它是对立事物之间在一定的条件下，具体、动态、相对、辩证的统一，是不同事物之间相同相成、相辅相成、相反相成、互助合作、互利互惠、互促互补、共同发展的关系。马克思指出，人的自由全面发展及其与自然关系的协调是理想的社会发展模式。和谐统一，是辩证唯物主义和谐观的基本观点。

如要形成并保持人与自然的良好关系，必须使人与自然和谐。这符合科学的发展观，是环境艺术设计无论何时，无论发展到何种阶段都必须遵守的要求。人与自然的和谐存在于两个方面：一是人与自然的内在和谐一致的关系；一是人与自然的外在和谐一致的关系。前者是由人的本性决定的，后者指人与自然存在物和谐相处，人类与自然界协同发展，在改造自然界的实践活动中营造出一个美丽、完整、稳定的环境。这与环境艺术设计的总体目标是相一致的。它发生在人类加工改造自然界的现实活动之中，要在充分尊重自然的基础上适度、适当地改造自然环境，使之更适应人类生存的需要。要求在设计时，充分了解自然环境（基地特征），包括气象变化、气候特点、地理及水文情况等，制定出适应本地环境的设计策略，并以此为依据进行具体方案设计。在整个设计过程中兼顾环境（保持生态平衡、避免环境污染与资源滥用等情况）与人的需要。

2. 明确设计的发展点在于创新

这项要求为环境艺术设计的发展指明了方向。提设计必须提及创新，有了创新，发展才成为可能。那么什么是创新呢？创新就是利用已存在的自然资源或社会要素创造新的矛盾共同体的人类行为，是以新思维、新发明和新描述为特征的一种概念化过程。"创新"起源于拉丁语，有三层含义：更新、创造和改变。创新是人类特有的认识能力和实践能力，是人类主观能动性的高级表现形式，是推动民族进步和社会发展的不竭动力。人类通过对物质世界的再创造，制造新的矛盾关系，形成新的物质形态。所以，创新的根本在于实践。

环境艺术设计本身就是一门走在时代前列的崭新学科。事实证明，它无论在理论还是实践方面，都与创新有着更为紧密的关系。那么，如何创新呢？首先，要求设计者拥有对于设计的兴趣，这是创新思维的营养元素。孔子说过："知之者不如好之者，好之者不如乐之者。"只有感兴趣才能自觉地、主动地、努力地去观察、思考、探索，才能最大限度地发挥人的主观能动性。其次，要对看到的、想到的事物提出问题，这是创新行为的有效举措。一个好的设计作品，是如何形成的？有什么样的设计技巧？优点有哪些？又能对"我"有什么样的启发？有了问题，才能有针对性地思考如何解决问题。再次，思考与创造，这是创新学习的方法。经过一个反复的思维过程，问题逐渐清晰，解决问题之路也会越走越顺畅，最终得到创新的成果。

3. 要求设计尊重民族、地域文化

这项要求确保了环境艺术设计具有自身特色，是其具有个性的前提条件。现今，只靠经济的发展是不能满足社会全方位发展需要的。在人与自然和谐共处的大框架内，文化才是人类社会最有价值的东西。（文化是人类在社会历史发展过程中所创造的物质财富和精神财富的总和。）文化的继承与延续是人类社会发展的需要。怎么继承呢？首先就是要尊重民族、地域文化。民族泛指历史上形成的、处于不同社会发展阶段的各种人们共同体。可泛指中华民族，也可指我国各少数民族。地域文化中的"地域"，是文化形成的地理背景，范围可大可小。这里分两个方面：一方面可以从世界范围来看，尊重民族、地域文化要求尊重中国传统文化；另一方面，从国内范围来看，尊重民族、地域文化要求尊重各地区、各民族独特的文化。民族、地域文化的形成是一个长期的过程，它是不断发展、变化的，但在一定阶段具有相对稳定性。

中国传统文化是中华文明演化而汇集成的一种反映民族特质和风貌的民族文化，是中华民族几千年文明的结晶。它世代相传，历史悠久，无论从工艺技术方面、思想方面还是生活习俗方面、审美方面，无一不是一个长期传承的过程，并在此过程中得以进一步发展，历经几千年，积累了深厚的底蕴，具有鲜明的民族特色，与世界上其他民族的文化大不相同。它博大精深，涵盖面非常广泛，内容丰富多彩，经过时间的锤炼，已经达到一个很高的深度。

对于中国传统文化，我们要不断地学习与了解，通过长期的设计实践，才能形成一个量的积累。尊重民族、地域文化，从意识形态上来说，要求我们把传统文化牢记心中。在进行具体设计时，时时思考设计能彰显的特色与文化精神，与世界上其他国家、其他民族的差异。设计工作者应当把继承与发扬中国传统文化作为己任，让它在设计的领域里焕发耀眼的光彩。

另一方面，是尊重各地区、各民族独特的文化。由于自然条件各不相同，中国各地区的物质基础、人们的生活习惯、文化差异很大，这就形成了不同的地域文化。地域文化是指文化在一定的地域环境中与环境相融合打上了地域烙印的一种独特的文化。诸如以庭院经济为特点的齐鲁文化，广汇百家、多源包容的湖湘文化，还有中原文化、蜀文化、闽文化等。学习不同个性特质的地域文化，可以拓宽我们的视野，丰富我们的设计思想，而不能把一成不变的东西用于每个设计。尊重各民族文化，提炼其中的闪光点，尊重各民族人民的喜好和禁忌，有利于民族团结与稳定，增进各族人民之间的感情，更重要的是，丰富的民族文化，可以使设计更加多彩和生动。

（二）环境艺术设计的原则

除了总体性要求，环境艺术设计还有一些具体的基本原则用于指导我们的理论和实践工作。

1. 整体性原则

人与自然和谐的总体性要求告诉我们，在进行设计时应当综合考虑环境的各种要素，这同样也是整体性设计的客观要求。在环境艺术设计中，整体性原则要求我们对待客观设计对象"整体"，以及设计过程中设计思维的整体。

客观设计对象的整体性包括与设计相关的客观环境的所有组成要素，以及它们之间已经存在的关系。组成要素有基地限定性要素（如进行室内空间环境设计时原建筑物的限定，有平面分布、立面形态、空间限高等；外部空间环境设计时的红线范围等）、土地质量与土壤情况（土壤成分、PH酸碱度等）、本地气候特点、气象变化情况、光环境（自然光与现有人工光源）、声环境（自然声与原有人工声源，包括长期或短期存在的噪声）、环境内及外围的交通情况、人群组成及特点、本地动植物种类及分布等。它们之间存在着这样或那样的关联：比如土地质量与土壤情况、气候特点、光环境、声环境一起，决定了环境中可能出现的生物种类，进一步影响到环境的生态平衡；交通环境及人群组成决定了可能出现的设计类型与环境具体功能设定等。这些组成要素有的是对设计有利的，可以加以利用；有的是现存的不利因素，如噪声、土壤贫瘠……可以通过设计得到改善。总之，要遵守整体性原则，对影响设计的各方面、各因素综合考虑，整盘布局，才能在具体设计时做到心中有数。

设计过程中设计思维的整体，除了上述需要整体性考虑具体内容之外，还要求设计者思维连贯，从始至终，一鼓作气，使设计各阶段环环相扣。具体设计中，虽然有方案的反复推敲甚至推翻的情况，但是整体性的设计思维是连续的。只有不断地揣摩分析、思考，才能不断使方案优化，最终达到设计的要求。

2. 动态性原则

这项原则的侧重点在于强调环境艺术设计存在及发展的状态。任何一门学科专业如要长期存在，都有着动态发展的自身属性。所不同的是动态性表现出的更新或发展速度有快慢之分而已。例如新的学科专业在发展之初有着蓬勃的发展态势，表现出的动态性较大；具有一定历史的学科专业有着深厚的研究基础，发展至现阶段已经较为稳定，表现出的动态性相对较小。环境艺术设计作为一门新兴的学科专业，发展的时间并不是很长，正如处于成长期的孩子，快速奔跑在发展的大路上。所以遵循动态性原则，是符合学科专业自身特点和发展要求的表现。

动态性原则，一方面是从动态与静态的角度来看，强调学科专业的发展状态，督促其不能满足于现有取得的成就，停留于原地，要保持良好的发展动势。只有发展，才是硬道理。另一方面是要求学科专业的发展具有灵活性，绝不能古板地将发展眼光局限于某一个方向或角度。从实践设计工作方面着眼，也只有遵循了动态性原则，才能保持设计者思想的活力与创造的动力，使设计作品不至于"老套"，能够及时反映出时代发展的前沿性特点。

3. 形式美原则

形式美规律是艺术学中带有普遍性、必然性和永恒性的法则，是一种内在的形式，是一切设计艺术的核心，是一切艺术流派的美学依据。在现代环境艺术设计中，形式要素被推到了较为重要的位置，只有正确掌握了形式美感要素，才能把复杂多变的设计语言整合到形式表现中去。综合运用统一、均衡、节奏、韵律等美学法则，以创造性的思维方式去发现和创造设计语言是设计师最终的目的。

(1) 多样统一

多样统一又称和谐，是一切艺术形式美的基本规律。二者既相互对立又相互依存，只有做到既多样又统一，才能使设计达到和谐的境界。

(2) 节奏与韵律

节奏与韵律是音乐中的词汇。节奏原本是指音乐中音响节拍轻重缓急有规律的变化和重复。韵律是在节奏的基础上赋予一定的情感色彩。在环境艺术设计中，各设计要素的节奏与韵律是通过体量大小的区分、空间虚实的交替、构件排列的疏密、长短的变化、曲柔刚直的穿插等变化来实现的。

(3) 尺度与比例

环境中的尺度，指空间中各个组成部分与具有一定自然尺度的物体的比较，可分为整体尺度和人体尺度两种。这两类尺度面对的对象有所不同。在设计中常应用的是夸张尺度，往往将某一个或某一组设计元素放大或缩小，以达到吸引视觉注意力的目的。按一般人体的常规尺寸确定的尺度一般在设计中是不能随意改变的，它与具体设计要素的使用功能联系密切。在环境艺术设计中，人们的空间行为是确定空间尺度的主要依据。功能、审美和环境特点决定设计的尺度。而比例就是研究物体长、宽、高三者之间的关系。只有将尺度与比例统一考虑，才能更好地创造环境空间中的各类元素。

(4) 对比与调和

对比是指造型要素之间显著的差异。调和是指在保持差异的同时强调共性。一般来讲对比强调差异，而调和强调统一。缺少对比变化会使人感到单调、缺乏美感，可是过分地强调对比变化就会失去协调一致性，给人造成视觉上的混乱。正确运用对比与调和可以使各种设计要素相辅相成，互相依托，活泼生动，而又不失完整性。

(5) 对称与均衡

对称与均衡是一切设计艺术最为普遍的表现形式之一。对称属于规则式均衡的范畴，由对称构成的造型要素具有稳定、庄重和整齐的美感。均衡也称平衡，它可以不受中轴线和中心点的限制，没有对称的结构，但有对称的重心，主要是指自然式均衡。在设计中，均衡不等于均等，而是根据设计要素的材质、色彩、大小、数量等来判断视觉上的平衡，由此给视觉带来和谐。

(6) 主次与重点

在环境中，整体都是由若干要素组成的。每个要素都有自己的作用和地位，总有主角和配角。如果每个设计要素都突出，即便排列整齐，很有秩序，也不能形成统一协调的整体，相反，会令人迷惑，主次不分。所以，在形式美规律中，还要注意主从与重点的处理。

在设计中，视觉中心是极其重要的。人在所注意的区域中一定要有一个中心点，这样才能具有主次分明的层次美感。但视觉中心有一个就足够了，如没有，会使人感到平淡无奇，如太多，就会显得过于松散，环境的统一性也会荡然无存。

4. 可持续发展原则

自然系统是一个生命支持系统。如果它失去稳定，一切生物包括人类自身都不能生存。可持续发展就是建立在社会、经济、人口、资源、环境相互协调和共同发展的基础上的一种科学的发展观。其宗旨是既能相对满足当代人的需求，又不能对后代人的发展构成危害。既要达到发展经济的目的，又要保护好人类赖以生存的大气、淡水、海洋、土地和森林等自然资源和环境，使子孙后代能够永续发展和安居乐业。与动态性原则相比，可持续发展原则的侧重点在于发展的过程、方式与结果。

可持续发展的原则是主张不为局部的和短期的利益而付出整体的和长期的环境代价，坚持自然资源与生态环境、经济、社会的发展相统一。其核心是发展，但要求在严格控制人口、提高人口素质和保护环境、资源永续利用的前提下进行发展，并注重社会、经济、文化、资源、环境、生活等各方面协调发展，要求这些方面的各项指标组成的向量变化呈现单调增态势（强可持续性发展），至少其总的变化趋势不是单调减态势（弱可持续性发展）。可持续发展包含两个基本要素或两个关键组成部分："需要"和对需要的"限制"。其战略目的，是要使社会具有可持续发展的能力，使人类在地球上世世代代能够生活下去。人与环境的和谐共存，是可持续发展的基本模式。可持续长久的发展才是真正的发展。

实现可持续发展应遵循以下具体原则：

（1）公平性原则

力求代际公平、同代与未来公平，人与自然公平。

（2）可持续性原则

确保资源的持续利用和生态系统可持续性的保持。

（3）和谐性原则

促进人类之间及人类与自然之间的和谐。

（4）需求性原则

立足人的需求而发展，强调人的需求是要满足所有人的基本需求，为所有人提供实现美好生活愿望的机会。

（5）高效性原则

实现人类整体发展的综合和总体的高效。

（6）阶跃性原则

随着时间的推移和社会的不断发展，人类的需求内容和层次将不断增加和提高，实现不断地从较低层次向较高层次的阶跃性过程。

这些具体原则可以看作可持续发展的具体要求。我们应该在充分理解的基础上把它们运用到实践设计中去。具体表现就是要运用科学的设计方法，结合自然境的发展规律，力求把设计对环境的不良影响降至最小，强化环境的生态作用，充分利用可再生能源，努力减少对不可再生资源的过度依赖和消耗。

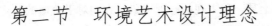

第二节 环境艺术设计理念

一、效用理念

（一）效用理念概述

设计的效用性是设计之所以能够满足社会需求的衡量指标。这里所说的设计效用是通过设计来满足消费者的一种程度值。

1. 设计的效用

设计的效用是设计品对人需求的满足程度，是衡量设计价值的重要尺度。

设计的效用不仅是客户满意，是对客户价值属性的一种表征。若目标客户没有选正确，景观空间设计无论多么精巧，功能组合如何完美，都很难真正地实现基本需求的情况下，设计师需要为客户量体裁衣，针对不同的客户设计作品，其效用在满足创造新价值，这是设计之所以能够获得成功的一个基本定律。

成功的设计具有商业前景和战略价值，并能够通过市场价格反映其自身价值。设计要素优化组合，以最小的消耗获得最大的效用，这就是本节所要论述的基本内容。设计师设计作品以满足客户或消费者的某种需求，在现代社会中这种需求的满足产生两重性：第一，消费者需求得到圆满的回应，第二，设计师的设计价值得以体现，在这两者之间成了一种合力，共同促进着设计与经济的发展。设计师所要的是依据这些条件来创造性地提出问题，分析问题，解决问题，设计出满足需求的作品。随着经济发展水平的不断提高，人们对于设计的要求也逐渐提升，人们的设计需求更趋向于多元化，功能更趋向于人文关怀，回归自然的渴望更加强烈，对超前事物的需求更加迫切，预期值更高，所有这些都为设计师提供了新的社会环境。设计师要满足这些需求，甚至引导市场消费，这就对设计师所做的设计提出了更高的要求。设计师要对设计元素提取、组合、优化，使之变成要素，然后再设计优化形成作品。这里需要详细阐述两个概念元素和要素：

（1）元素：基本单位，一个组合整体中基本的、最主要的、不可再缩小的组成成分。

（2）要素：事物必须具有的实质或本质、组成部分，对于设计的元素来说是多重性质的，具有随机性可变性的特点，但是对于要素而言，是一个必不可少的组成部分。

2. 设计的边际效用性

设计师通过设计要素的优化组合来设计并完成作品，整个设计过程不断反复、推敲、优化、组合，最终形成完整的统一体。

然而在现实的市场供给和需求的变化中，设计的这种需求和供给并非这样简单，随着人们收入和经济水平的提高，人们的需求也在不断提升，设计对这种需求的满足程度也需要相应的

提高，但是很多情况下设计的满足并不是无限的，人们对设计的满足程度也是有条件的。设计是否具有价值很大程度上是一种主观的心理现象，人们对于价值的判定来源于其设计作品的效用，也就是设计品的满足程度。如果该物品无法满足其需求则其效用为零，从而对他而言亦不存在价值。而事实上，所有设计对消费者的满足都是有限度的，由于物品本身具有一定的稀缺性，人的需求不断攀升，两者之间就存在矛盾的对立统一。因此，设计资源需要优化配置。当一个富翁已经拥有一个自己的景观别墅的时候，设计师再去设计另外一个，接下来为他设计第三、第四甚至更多，这一系列的设计对于富翁来说其满足程度已经越来越低，只有第一个是相对最具效益的。第一套别墅是满足了富翁基本需求的，后面接二连三的设计可能在初期是满足其偏好习惯需求的，比如第二个别墅设计成另外一种风格，设计的功能继续细化，虽然设计师绞尽脑汁进行设计，但对富翁而言，只不过是锦上添花。随之而来的第三、第四个设计，其设计不论怎样的独特，其对富翁的原始价值已经变得很小。这时满足富翁的恰恰是设计的审美或风格，在一定程度上引发了他新的欲望，由富翁原来的需要一个别墅变成需要不同设计风格的别墅。对富翁而言并不一定把别墅当作住所，而把它看作满足自身其他方面价值和效用的手段。照此下去，当设计师设计第十套别墅时（这些设计难免会出现雷同的情况），这些设计品对富翁的原始满足程度变得微乎其微，他可能转向其他领域来寻求其他方面的满足。这个例子体现的就是设计的边际效用性。

（1）设计的边际效用是每增加同一单位的某种设计品给消费者带来的总效用和价值的变化量

设计是可以满足人们欲望的一种手段和方式。通过设计的创新不断改变同一单位设计品的价值和地位，从而防止了边际性的衰减。

设计品的价格实际上除了设计品本身以外，很大程度上依赖设计品的效用，设计品的价值是构成效用的基本条件，设计价格依托于价值，并随着设计效用而不断发生变化。毕加索的一幅作品对于一个收藏家来说效用通常会高，而对于一般人而言只有一种欣赏价值。设计的价值还来源于设计的稀缺性，优秀设计的稀缺性和产生的效用共同影响着设计的价值。市场价格是在一种竞争的条件下买卖双方对物品评价均衡的结果。设计的边际效用是设计效用性理论的特殊点之一。

（2）景观设计的边际效用

从设计的边际效用原理中我们可以推理出景观设计的边际效用，即在其他条件不变的情况下，每增加一定量的相同或相似景观要素状态下所引起的总效用的递增量，很多情况下这种边际的效用反映着人们的心理倾向。环境设计中反复使用单一的手法就会造成这种边际效用产生，比如空间设计的相同要素由一个单位增加到两个或者更多时，增加的这种要素所带来的实际效用增加量在满足到消费者需求峰值后将会递减。换句话说，当同样空间要素构成的景观摆在你面前反复出现的时候，新鲜感将会逐渐丧失，其结果就是要素对你的满足程度逐渐减弱，要素越是增加，对你的满足程度越是相对变小，这就是所谓过犹不及。同一事物给人带来的效用因人、因时、因地而存在相对差异。效用与欲望一样是一种心理感觉，恰当地调整这种设计要素构成是设计师的主要任务，也是防止递减的有效途径。

3. 设计的边际效用递减与设计创新

设计边际效用诱发了设计效用的变化，最显而易见的就是边际效用递减性。在经济学中边际效用的递减指在其他条件不变的情况下，一种投入要素连续地等量增加到一定值后，所提供的产品的增量就会下降，即可变要素的边际产量会递减。

（1）设计的边际效用递减性

指在一定阶段内，人每增加一单位设计商品的消费所增加的效用。这种需求产生了递减的趋势，原因在于消费者在购买需求的设计过程中，第一次的购买是处于一种渴求和欲望的情况下，随着同类的设计品增多，对其满足的程度趋向于减少，也就是说随着同类设计作品的增多，设计需求逐渐减弱。这就是设计要不断推陈出新的原因，除非是限量的设计，此外没有任何一个以数量计算的设计可以长时期地吸引消费者并使其产生购买欲望。需求价格将随着数量的增加而逐渐地降低，这就是设计的边际效用的一个特殊规律，即边际效用的递减性。设计为了防止产品的逐渐递减，在一定时期内，推出新设计或新理念以适应并防止这种递减的产生。典型的例子就是后现代主义的设计流派，这些流派所倡导的设计理念形形色色、各式各样，其存在的根本就在于社会需求的多样性。现代主义的衰落和后现代主义的崛起预示着设计的效用递减被有效地遏制，设计品的价值得到应有的体现。后现代的各流派实际上是在满足不同消费群体的需求。

（2）环境景观设计的边际效用递减性

从经济学里引出了一个非常显著的规律，这个规律在环境空间设计中依然十分显著。当一个正向的景观设计要素不断增加时，会得到相应的景观空间效果。当这种要素的增加达到一定峰值，要素的增加会反而导致效用的递减。这种性质类似于在沙漠中的人因口渴而喝第一杯水的感觉，等喝到第二杯水的时候，其效果就不如第一杯水感觉舒畅，依次下去，当喝到第20杯的时候超过饱和状态则产生厌恶感。其中水是没有变化的，而水的效用却在降低。换言之，在景观设计中如何保持"第一杯水"的感觉，是设计之所以打动人心的关键。在环境艺术设计中，如何更节约更快捷地实现丰富多彩的造园效果，以实现效用最大化，这是环境艺术设计应该遵循的根本原则。在景观设计学中，生态理论也存在这种效用性，对于环境资源来讲，环境属于一种资源，环境艺术是一种再造资源的过程，如何把现有的资源效用发挥到最大化，如何使用最少的要素、材料、空间达到审美、功能最大化的效用，这将是研究环境艺术的一个重要出发点和归宿。

（3）设计的创新性

设计的创新性和不断的更替在一定程度上延缓并改变着设计：边际效用递减规律。因此，设计的一个重要属性就在于创新，一个不具有创新的设计将随着边际效用的递减而逐渐失去生命力。这是成功设计之所以经久不衰，赢得市场的重要因素。设计的创新性不仅规避效用的递减，与之相反在某种程度上促进并创造着市场，优秀的设计将会使消费者产生消费欲望。

（二）效应理念的具体实践

效用性质理论在一定程度上可反映组织、企业、设计师设计作品的有效性和设计管理有效性，在现实的项目中其自身的价值更多地得以体现。

1. 基于效用性的设计管理

设计的效用是衡量设计有效性的尺度，效用不仅仅在设计要素组合中发挥重要作用，而且在设计的市场和管理中依然发挥着巨大作用。设计的高效管理源于一种机制，一种激励，一种创意的自由和市场的精准把握。

精明的设计管理者应了解两方面关系并处理得当：

一方面设计师员工与自己企业的关系，发挥他们的创意和潜力，使他们感到自己为企业或公司贡献力量和智慧的同时自己的目标也得到了一定程度的满足。这种满足不仅仅是工资薪酬，设计师还有更高的追求，他们渴望自己获得一定的社会认可，肯定自己的价值。因此设计师的自尊和价值也需要满足。管理者不应成为设计的监督者、指挥者，而应变成辅助者、引导者、协调者。

另一方面是客户与设计企业的关系，管理者需要转变自身的角色。设计的客户是设计消费者，企业组织一方面满足他们的需求，一方面也在引导，同时也及时地把市场信息反馈给设计师，使之可以设计出符合市场的成功设计品。因此，设计师与管理者以及客户之间就形成了一种三角式的关系。

依据这三者关系，企业的管理者需要做出权衡，尽量减少三者之间互动所花费的成本，让三者在整个项目进行中主动地去完善并协调。当设计师遇到阻力，管理者及时给于鼓励，设计师的信心增强很重要，这是促成优秀的设计产生的先决条件。当客户遇到困惑时及时协调排除。高效的组织和设计管理可使三方结为亲密伙伴。客户乐意介绍给其他的客户，口碑相传，设计企业的业务也就应接不暇，其信任度在无形中也得到了建立。设计资源和市场资源都朝着最大化的方向发展，这就最终促成效用管理的最佳点，也就是实现了设计效用管理均衡的最大化目标。这让企业获利，设计师自身价值实现，客户需求得到满足，三方共赢，这是成功的设计最核心的表征。

2. 效用与市场

市场是消费与供给的有效组合，设计商品除了具备这种通常的性质以外，还具有很高的审美和文化倾向性，实物商品及其生产、交换、消费，需要放在一个文化母体中加以解释。王宁先生对消费文化的属性进一步论述：①消费的具体内容是历史决定的，并构成一个民族、一个群体或一个区域的独特文化。②许多消费活动与文化活动是合二为一、不可分开的，如结婚典礼、佳节宴会等。③消费观念也是一种文化（或文化要素），它同一定的信仰、价值和人生哲学相联系。④消费商品的制造和生产不但是物质生产的过程，而且是一个文化生产和传导的过程。在市场过程中设计所起到的作用是市场运行重要的组成部分。市场由一切具有特定的欲望和需求并且愿意和能够以交换来满足此欲望和需求的潜在顾客组成。

市场 = 消费主体 × 购买力 × 购买欲望

设计的创造过程需要融合并考察这三者所组成的市场关系。从设计效用角度，就要求设计师考虑三方面的要素：

（1）目标客户：这是设计师之所以设计产品的服务对象，这一点务必要明确，每个行业都有自己清晰的目标客户，对客户的研究、定位、把握，是设计师设计作品的第一出发点。

（2）他们的消费水平：消费者的实际购买能力往往决定着设计价格的起起落落。面对高端的消费人群，优良精美的设计，甚至是设计价格反映着设计的一种品质和地位。设计往往是消费者地位的一种体现。相对而言，对于经济实力一般的消费群体，往往更加关注设计的实用性。这是因为其购买能力的差异在无形中影响着市场消费。设计师针对的目标客户不同，购买力就不同。

（3）对象的偏好和潜在的需求欲望：设计的潜在作用是考量并发现消费者的偏好和潜在需求。一个成功的设计师，能够很好地把握消费者当前的基本需求和喜好，从而决定设计风格的倾向。当然，设计使用者由于专业知识的缺乏，并不了解设计风格的发展、趋势和规律，这需要设计师在理解偏好的基础上给予一定的引导，使设计使用者的一些感性体验和设想与设计师的理性知识达到共鸣，需求自然得到应有的满足，同时设计师在合作和交流的过程中也逐渐发现客户的潜在需求，激发消费者欲望，使设计有效性发挥到更高的层面和水平。以环境景观设计的项目为例，阐述设计的市场效用性问题。

首先是项目定位，遵循等值策划原则，挖掘这块土地的最大潜值，根据这一机会成本进行定位。这种定位包含发掘土地的环境价值（含自然环境、人文环境、商业环境、交通环境、城市区位环境等）；同时要研究项目的开发价值（指功能定位、容积率、规划方案、建筑风格、室内空间布局、景观设计、设备材料挑选等）；对于开发商还要考虑其延伸价值（如售后服务、品牌塑造、品质保障、文化艺术含量等），以及机会价值（入市时机、市场客户定位、适时性能价格比、政策背景利用）。这些对于景观环境设计而言都是构成效用性的基本元素。

其次是规划设计，以项目目标市场定位为基础，根据目标客户需求，对地块进行规划布局。这部分包含了进一步的细致推敲。

再次是进入深化景观设计阶段，设计师针对目标对象具有的主要特征，深入研究他们的行为模式和生存模式，并准确把握目标对象的行为和感受，结合项目所在地的人文地域特征，对他们的生活方式进行抽象和整合，使使用者与景观环境融为一体。

其后是考量经济和价值因素。根据市场调查，了解消费者消费力，再作出相应的设计判断。例如，价格虽然是消费者考虑的主要因素，但是如果在规划、景观、建筑等方面的设计确实切合了消费者的需求，博得了消费者的认同，那么从规划上构造价值、提高价格是可以被消费者所接受的。好的规划设计是可以抵消价格上涨的负面影响的。

最后是施工，尽量节约成本，使设计的材料和工艺资源得到优化配置。设计的价值一方面取决于消费者的认同，另一方面取决于经营者和设计师对资源的利用方式，能尽量避免区域内不利的因素，充分发挥有利因素的作用，在设计上依靠创新和亮点吸引并带动消费，则设计的市场效用可以更加全面的获得。

另外，对于环境景观设计而言，"可持续发展"这一主题也是需要考量的，环境的艺术也是绿色和生态的艺术，满足可持续发展要求，形成合理生态系统，节能、节水、节地，同时经济上易于操作，达到良好的生态、经济与社会平衡，这是一种大的社会设计效用的优化组合，也是设计师的社会责任。成功的设计不应该是一种铺张浪费的奢华，而是自然与环境，商业与设计完美的缔合状态。

3. 设计的效用与价值

价值是凝结在商品中的无差别的人类劳动或抽象的人类劳动。它是构成商品的因素之一，是商品经济特有的范畴。每一个优秀的设计作品在广义上都存在着自身的价值，这里不仅仅指作为商品和市场需求的成功设计，还是作为艺术的设计作品，其内涵的设计价值都是存在的。但不是每一个设计都具备商业价值，只有那些具备市场需求的设计才具有市场价值，具备考量效用的问题。设计在一定程度上促进着商品价值的增加，例如在房地产市场中，景观设计在某种意义上就起到了促销和增加附加值的作用。小区的园林景观对消费者有着不可抗拒的吸引力，景观的提升作用显而易见，最终赢得了的效益最大化。

设计的效用与价值之间存在一种关系：价值的增量和效用的程度成正比关系。价值本身含量是效用的基本依据点。设计的价值包含有形和无形两个方面，设计师的水准和名声，设计的创意，新的理念是无形的设计价值；技艺和制作方法，材料及施工和验收等是设计的有形价值。设计的两方面价值从虚、实两方面构成了设计的基本成本。设计的价值增量是构成效用的内在增量。价值的含量多少是影响设计的效用性能否达到最大化的前提。

4. 生态设计的效用性

由于人类生存环境的恶化，生态设计越来越多地引起人们的关注，大量的技术和科技，新型的材料和工艺逐渐应用在生态设计领域。绿色生态的设计要求人类以可持续发展的思想来反思传统的设计理念。效用性的本质要求优化配置合理利用资源，当前生态设计品难以推广，很大程度上由于投入高于收益，从商业效用的角度来看缺少一定时期内的价格优势。循环利用从宏观的效用角度来看是一种优化的资源配置和再利用的手法。

设计创意和生产阶段就要考虑设计的循环再利用可行性，随后进入设计的市场运行阶段，从微观企业角度看，该阶段是获利实现和设计价值体现的重要区间，之后进入设计的循环利用阶段，设计成本降低，循环再生。但由于在这过程中循环的成本往往高于预期的成本，或者说由于再循环设计所降低的那部分成本，不足以抵偿实际消耗的成本，因此往往设计生产者宁可选用原来的模式，因为这样对企业和设计实体来说很可能更加节约，但对社会的资源则造成了浪费。这就使这一模式在行进当中遇到很大的阻力。

二、通用设计理念

（一）通用设计概述

七个原则是目前最具代表性的设计指针：原则 1，平等的使用方式；原则 2，具通融性的使用方式；原则 3，简单易懂的操作设计；原则 4，迅速理解必要的资讯；原则 5，容错的设计考量；原则 6，有效率的轻松操作；原则 7，规划合理的尺寸与空间。在 1997 年，通用设计七原则又通过重新改订，进行了编辑：

原则 1：平等的使用方式。定义：不区分特定使用族群与对象，提供一致而平等的使用方式。

①对所有使用者提供完全相同的使用方法，若无法达成时，也尽可能提供类似或平等的使用方法。

②避免使用者产生区隔感及挫折感。

③对所有使用者平等地提供隐私、保护及安全感。

④是吸引使用者而有魅力的设计。

原则 2：具通融性的使用方式。定义：对应使用者多样的喜好与不同的能力。

①提供多元化的使用选择。

②提供左右手皆可以使用的机会。

③帮助使用者正确地操作。

④提供使用者合理通融的操作空间。

原则 3：简单易懂的操作设计。定义：不论使用者的经验、知识、语言能力、集中力等因素，皆可容易操作。

①去除不必要的复杂性。

②使用者的期待与直觉必须一致。

③不因使用者的理解力及语言能力不同而形成困扰。

④根据资讯的重要性来安排。

⑤能有效提供在使用中或使用后的操作回馈说明。

原则 4：迅速理解必要的资讯。定义：与使用者的使用状况、视觉、听觉等感觉能力无关，必要的资讯可以迅速而有效率地传达。

①以视觉、听觉、触觉等多元化的手法传达必要的资讯。

②在可能的范围内提高必要资讯的可读性。

③对于资讯的内容、方法加以整理区分说明。

④透过辅具帮助视觉、听觉等行为障碍的使用者获得必要的资讯。

原则 5：容错的设计考量。定义：不会因错误使用或无意识行动而造成危险。

①让危险及错误降至最低，使用频繁部分是容易操作、具保护性且远离危险的设计。

②操作错误时提供危险或错误的警示说明。

③即使操作错误也具安全性。

④注意必要的操作方式，避免诱发无意识的操作行动。

原则6：有效率的轻松操作。定义：有效率、轻松又不易疲劳的操作使用。

①使用者可以用自然的姿势操作。

②使用合理力量的操作。

③减少重复的动作。

④减少长时间的使用时对身体的负担。

原则7：规划合理的尺寸与空间。定义：提供无关体格、姿势、移动能力，都可以轻松地接近、操作的空间。

①提供使用者不论采取站姿或坐姿，视觉讯息都显而易见。

②提供使用者不论采取站姿或坐姿，都可以舒适地操作使用。

③对应手部及握拳尺寸的个人差异。

④提供足够空间给辅具使用者及协助者。

以上7个原则只是设计指针、概念，这也是针对目前通用设计在发展运用上所欠缺的方面所提出的，也可以说是通用设计的发展方向。我们不一定在设计过程中就一定完全按照这7个原则进行生搬硬套，但是应该认识到这7个原则很好地反映出了通用设计理念在实践中的应用方式，另外这些原则也是运动的，是需要不断完善的。

（二）通用设计理念的具体实践

与"通用设计"一词相比，无障碍设计更容易被大多数人所熟知。的确，无障碍设计的出现是在通用设计之前。而且，无障碍设计现在在我们身边已经随处可见，可以说无障碍设计为通用设计的出现做了很好的铺垫，而通用设计的出现又必将是无障碍设计的升华。无障碍设计是以消极性、修补式的设计来去除人为障碍：而通用设计是属于积极性的，采取预防式、包容性及关怀性的设计，注重社会多元价值，基于公平、弹性使用的立场来考量所有人的需求。最初，无障碍设计的目的虽然不是为健全人提供方便，但是有时候它的设计结果则往往实现了这点。在无形中，健全人也从这些无障碍设计的结果中享受到了好处，而这正是通用设计所要传达的思想，围绕所有用户的人生阶段按其所需来设计使用空间，其设计应该尽可能地适用于所有人群。通用设计具有可操作性、安全性、方便性的特点，即产品或环境对使用者或潜在使用者必须是可操作的、能安全使用的、方便使用的。可见，相比于无障碍设计，通用设计具有其自身的优越性，具有更大的发展空间。因为我们不能忽视的是它的受益对象是所有的人。如果能够广泛地实施，将会给人们带来更大的帮助，在环境设计中的作用将会越来越得到认可。

1. 通用设计的主要对象

弱势人群显然是通用设计所关注的重要对象，因此，根据这些人的要求做出相应的设计也就自然地成为通用设计的主要研究内容。相对于生活完全不能自理的重度残疾人，多数残疾人为中轻度残疾，很多还是具有自理甚至劳动能力的。只要环境中有他们可以容易使用的设施，

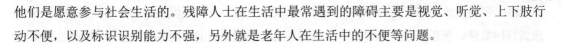

他们是愿意参与社会生活的。残障人士在生活中最常遇到的障碍主要是视觉、听觉、上下肢行动不便，以及标识识别能力不强，另外就是老年人在生活中的不便等问题。

2. 室内设计中通用设计理念的体现

认为通用设计只不过是为那些弱势人群服务，这是对通用设计的一种常见误解。实际上其逆命题倒是正确的：弱势人群也可以享受到通用设计的好处。室内设计作为现在很流行的行业，被人们所推崇，不过人们往往关心的是室内的色彩、形式等感性的氛围，而对室内设计后的使用合理性却考虑的很少，当然这也是由于雇主的非专业性造成的。但是，对于经过长时间学习训练的设计工作者，如果也只是停留在视觉的程度上，就实在有些牵强了。设计绝不是单单体现个人的艺术修养，它所担当的责任是改变或给予人的一种生活方式，同时，环境艺术设计本身就是一门科学与艺术相融合的学科。因此，室内设计必须全面考虑，要想到年轻的雇主也会变老、考虑到生活中的孩子。所以室内设计也要正确全面地理解通用的概念。通用设计是指不需要特别设计或稍做调整就能被所有人使用的某种产品或者服务的设计，即能够满足各种年龄和身体条件的设计。通用设计不仅为那些弱势人群提供便利，而且为绝大部分不同年龄、体形和身体条件的人服务，着力于尽可能地满足所有人的使用需求，不仅要满足健全人群，还要消除弱势群体的不便。因此，该理念的目的是从不同使用者的身体机能和场合等入手，使不同消费者的生活都更加方便舒适。

将通用设计运用到室内空间时，根据使用的对象，必须考虑到几个关键因素，包括照明、通风、采暖、空间、地板和墙面等。

首先，在通用设计的任何空间中，照明都是一个至关重要的问题，特别是对于视力受损的用户。而且随着人们年龄的增大，视力也是会发生变化的。空间内灯光效果不仅与发光源有关，而且受到色彩、对比度、发射强弱、光线的照射方向的影响。为了保证整个空间中的充足光线，我们需要配备一些专用灯，这些灯不能太耀眼或者刺目，而且光线强弱可以保证。视力差或老花眼的用户一般需要较明亮的灯光，但并不是所有人都这样。我们都知道，自然光是最好的光线，取之不尽，并且对人来说是健康的。但是，也应该避免由于自然光造成耀眼或者留下阴影区，因为它们会影响人们的视力范围。另外，玻璃表面应进行处理，使光线可以正常通过但不至于反射太强。自然光只有白天才有，到了晚上就应选用灯光设备来弥补了。虽然人的眼睛视力随着年龄增加会逐渐衰弱，会改变人们观察颜色的方式，但是还是建议一旦有好的灯光色彩，应尽量采用灯光照明。灯光的光源隐蔽，让光线发散以降低聚光。强光对人体有害，甚至会造成失明。研究表明，强光还会加重人的精神混乱，尤其是老年人。通用设计的空间内灯光布置应包括充足的环境光和一些专用灯，并且提供灵活的开关控制。例如，卫生间内灯光的开关布置就应该保证各种身体条件的用户均能正常操作。另外，灯光布置时还应考虑到室内表面的光线反射作用，并且避免光线刺目。在橱柜外面或上部设一道灯光正对橱柜，达到橱柜内照明的效果，而且可以在储藏区设透明的隔板来阻挡强光。

在室内墙面和设备表面设计室内墙面时，避免采用有光泽和刺眼的白色面层，因为它会反射光线，容易造成强光。室内照明设计时，要根据空间大小、环境颜色和墙面反射强度来确定所需灯的数量。黑色家具多的空间，所需的灯要比浅色墙面的房间多。与反射一样，色彩和对比度是影响视力受损的用户的主要因素。随着年龄的增长，人的眼球发黄和变厚，区分对比度小的颜色的能力也会越来越弱。由于深蓝色、黑色和褐色看起来很相似，或者说浅淡柔和的色彩就容易混淆。出于这个考虑，增加色彩的对比度是明智和安全的措施。将色彩亮的物品放在色彩暗的后面，反之亦然，突出暗色物品，使其更显眼。对照色在柜台边缘、地板、控制器、开关等位置可以得到有效的利用。但如果利用不当，优点也会变成缺点。例如采用黑白相间的棋盘式的地板就会对人体产生危害，因为这种布置会影响我们的深度知觉。通用设计空间的墙面设计不仅仅需要考虑前面所提到和强调的那些注意事项。对于听力受损的用户，外部环境的噪声对其很有害，围护墙应能隔声。墙面和窗户均应有效处理使其可以吸收室内的噪声，包括铺软木板、挂纺织物。墙面颜色不刺眼，提高用户使用的舒适性，特别是对于视力受损用户。透过玻璃和窗户，自然的阳光可以带来热量，但它与其他环境光一样也会带来反光强光，所以应对窗户进行改进，在保证可透光和观察的前提下，避免反光。墙面颜色及样式设计时应该综合考虑房间内整体的对比和光线。总而言之，室内照明设计需要对所影响因素和每个材料参数都有详细的了解。

在室内设计时，空间的考量是十分重要的，而轮椅客户所需的净空间定是比普通人要大，因此我们完全可以按照普通人的要求，因为这些净空间对于其他普通用户也应该是普遍适用的。例如：轮椅用户使用厨房内水池所需的最小场地净空是 760mm×1220mm，比绝大部分普通人所需类似净空都要大。另外，在卫生间梳妆台所需的最小场地净空也是 760mm×1220mm，对于绝大部分普通用户来说这个空间已经足够了。以上两种情况中，适用于轮椅用户的 760mm 高操作台或工作面对于一个坐着的正常人、矮个子或小孩来说，也可以正常使用，但对于那些高个子或无法弯腰的人来说就会比较困难了。在这种情况下，为了达到通用的目的，设计工作面就要求必须大于轮椅用户的需求，通常的做法是设计可以调整高度的操作面，或者提供多个不同高度的操作台／工作面。其实表面上看通用设计运用了过多的空间面积，却换回了使用的方便，并且随着时间的推移，这种设计的便利将会越来越明显。

室内地板保养要求低，并且坚固耐用。地板应具有一定的弹性，使物品掉落造成的伤害或者损坏降至最低，并且表面应完全平整有规则。保证行动不便或平衡感差的用户也可行走方便，地板表面应磨光而不滑，因为高度磨光的表面会反光而且容易滑倒尽可能选用防滑地板，这是地板选用最关键的一点。理想与实际总是会有差距，实际上很难有哪一种地板可以做到尽善尽美，所以在选择地板的过程中只要按照这些要求，还是有很多地板材料可以利用的。另外，防滑是一个关键问题，而随着通用设计理念的应用，防滑的重要性不断增强。如果地面带滑，身体健康的人都可能滑倒而缺乏安全，那么对于那些初学走路的孩子或者平衡感差的人和靠拐杖行走的人来说，带滑地面简直就是危害。研究发现"抗滑移系数"为 0.6 时，88% 的人群都可以得到有效保护。这个抗滑移系数，很多陶瓷地板和聚乙烯地板都可以满足。在一些特殊要求区域，可以在地板上设防滑条或者涂刷防滑涂料来降低跌倒造成的危险，可是防滑条不能承重、积水的问题以及要求连续打扫都会降低这些做法的实际应用效果。采用合适的瓷砖做地板是个不错的选择，选用表面平整的瓷砖，有的瓷砖表面上的釉能够有防滑性能，或者通过抹很少量的水泥浆能实现室内地面的平整。嵌花式玻璃砖的防滑也不错。虽然瓷砖没有弹性，但依靠其在湿滑状态下出色的耐久性、易于保养和造型多样、对比度高的特点，瓷砖在通用设计的室内空间中有很大的利用价值。

3. 景观设计中通用设计理念的体现

在目前的经济条件下，如何在景观设计和建设中，体现出对老年人和残疾人的关爱，尽可能满足他们生活的基本要求，创建安全、便捷、舒适的通用景观环境，是景观设计工作者未来的研究方向。

老年人和残疾人由于自身的特点，对景观环境有着特殊的要求。首先，他们在生理上有体力弱、感官衰退、反应迟钝等特点；其次，他们心理上有看重人情、需要关怀的特点；同时他们还需要别人尊重，要求独立自主。这些决定了他们对景观环境有许多不同于健康人的要求，当然即使是健康人有时候也会有这些要求。

景观设计的通用标准是以老年人、残疾人的心理和生理需要为基础，视不同的社会条件和对象给予合理的照顾。那么，关键问题就是设计人员的通用意识以及实施过程中的细部构造处理。

（1）景观设计的通用原则

景观设计的通用原则应具有无障碍、易识别、易达、可交往等基本要求。

无障碍性指景观环境中应无障碍物、危险物。老年人、残疾人由于生理和心理条件的原因，健康人可以使用的东西，对他们来说有时却成为障碍。因此，景观设计者应树立以人为本的思想，设身处地为老弱病残者着想，积极创造增进性景观空间，以提高他们在景观环境中的自立能力。

易识别性指景观环境的标志和提示设置。老年人、残疾人易遭危险是因为他们身心机能不健全或易衰退，或感知危险的能力衰竭，即使感觉到了危险，有时也难以快速地避开。因此，空间标志的缺乏往往会给他们带来方位判别、预感危险上的困难，随之带来行为上的障碍。为此设计要充分运用视觉、听觉、触觉的手段，给予对方以重复的提示和告知，并通过空间层次和个性的创造，合理安排空间序列、形象的塑造特征、鲜明的标志示意以及悦耳的音响提示等来提高景观空间的导向性和识别性。

易达性指景观游赏过程中的便捷性和舒适性。老年人、残疾人行动不便，希望重返社会和渴望享受绿色景观环境的生理和心理特点，要求景观场所及其设施应具有可接近性。为此，设计者要从规划上确保他们自入口到各空间之间至少有一条方便、舒适的无障碍通道。

可交往性指景观环境中应重视交往空间的营造及配套设施的设置。老年人、残疾人愿意接近自然环境，因此，在具体的规划设计上应多创造些便于交往的围合空间、坐憩空间等，以方便老年人及残疾人的聚会、聊天、娱乐、健身等活动，尽可能满足他们的生理和心理状况以及对空间环境的特殊要求。

（2）通用景观的细部构造设计

通用景观设计除了对环境空间要素的宏观把握外，还必须对一些通用的硬质景观要素，如出入口、园路、坡道、台阶、小品等细部构造作细致入微的考虑。出入口：宽度至少在 120m 以上，有高差时，坡度应控制在 1/10 以下，坡道两边宜加棱，并采用防滑材料。出入口周围要有 150m×150m 以上的水平空间，以便于轮椅使用者停留。另外，入口如有牌匾，其字迹要使弱视者可以看清，文字与底色对比要强烈，最好能设置盲文。园路：路面要防滑，并尽可能做到平坦无高差，无凹凸，如必须设置高差时，应在 2m 以下。路宽应在 135m 以上，以保证轮椅使用者与步行者可错身通过。纵向坡度宜在 1/25 以下。另外，要十分重视盲文地砖的运用和引导标志的设置，特别是对于身体残疾者不能通过的路，一定要有预先告知标志，除设置危险标志外还须加设护栏，护栏扶手上最好注有盲文点字说明。坡道和台阶：坡道是帮助老年人、残疾人克服地面高差，保证垂直移动的手段，对于轮椅要防滑，纵向断面坡度宜在 1/17 以下，条件所限时，也不宜高于 1/12，坡长超过 10m 时，应每隔 10m 设置一个轮椅休息平台。台阶踏面宽应在 30～35cm，级高应在 10～16cm，幅宽至少在 90m 以上，踏面材料要防滑。坡道和台阶的起点、终点及转弯处都必须设置水平休息平台，并且视具体情况设置扶手和夜间照明。厕所、座椅、小桌、垃圾箱等园林小品的设置要尽可能使轮椅使用者便于使用，其位置不应妨碍视觉障碍者的通行。

（3）通用景观的绿化设计

老年人、残疾人的心理特点和生理因素决定了他们对绿地、庭园的需求比年轻人和健全人强烈得多。通用景观的绿化设计首先要坚持以绿为主，植物造景的原则，即除了园林建筑、小品、道路外，其余均应绿化覆盖。要充分利用垂直绿化，通过形成"生态墙"来扩大绿色空间，改善生态环境。其次，在地形的处理上，要尽可能平坦或缓起缓伏。在植物选择上，要适地适树，避免种植带刺或根茎易露出地面的植物；要选用一些易管、易长、少虫害、无花絮、无毒、无刺激性的优良品种作为骨干树种。再次，在植物的配置上，要因地制宜，巧妙运用孤植、对植、群植和坛植等手法，科学处理好软质景观内部乔、灌、花、草与景观建筑小品之间相互映衬的关系。要讲究植物群落结构的层次变化，让老年人、残疾人在视觉、嗅觉、触觉和心理上都充分感受到植物景观的千姿百态和丰富的生态景象及季相变化，激发他们的生活热情。

三、生长型设计理念

（一）生长型设计的定义

生长型设计作为一种新兴的设计概念因其环保、富于人性化、充满活力等特点被越来越多地应用到各种设计领域当中。让一个广场、一座建筑、一处景观等设计作品可以像一棵植物一样生长，可以通过完善自身跟上时间的脚步，甚至融入自然当中，进而成为不被时间淘汰的经典，是生长型设计的设计目标。

生长型设计是一种新兴的设计理论，其强调自然的理念，注重学习自然中的规律，力求设计出的作品符合自然规律，形成一种可持续、可延伸、可增值的状态，从而运用这一理念设计出与自然相协调的设计作品。

概括地说，生长型设计是一种将生物生长的机理用于产品概念结构设计中的设计方法。

（二）环境艺术设计与生长型设计理念

环境艺术设计是一门十分复杂且包容性极强的专业，它需要将实用功能与审美时尚相结合，在做到考虑周全的情况下要使两者不相矛盾，则需要一种统一的设计思想作指导。环境艺术设计亦是一门带有时间性的专业，不仅仅在设计之初要考虑目标的历史人文特征，更是因为设计产品本身就是人们日常起居活动的场所，设计产品成为人们生活的一部分，生活在改变，设计产品需要一个"度"来包容和适应这些改变，因此设计师需要将这些变量考虑在设计内。

生长型设计的理念可以理解为将设计产品看成是一个有生命的有机体，在设计之初既预留了一定的时间及空间上的度，又在符合当下使用需求及环境的基础上，有一定的变量考量，这样人们在使用过程中可以按照自己的意愿自由地参与到后续的产品改进当中。在环境艺术设计当中，对空间使用者来说，对于设计的参与感代替了生疏感，整个空间也可以像是养在身边的绿植一样，值得使用者去呵护和投入。

而在环境艺术设计领域，生长型设计不仅仅可以体现在新空间的设计，亦可以运用在旧空间的改造与升级当中，旧的建筑、景观、室内空间即是新生设计元素生长的土壤与基石，通过一定量新元素的加入，使旧的建筑等空间焕发新的生机，使这些空间在使用寿命达到之前可以避免被提前摧毁重建的命运，环保和可持续的理念得到体现。

（三）当代环境艺术设计的发展

环境艺术设计行业经过一百多年的发展，经过了现代主义、后现代主义等设计理论阶段，其涵盖和涉及的范围亦愈来愈广，逐渐发展成一种多门类多层次交汇发展的综合设计学科。

环境艺术设计的设计目标是改造和营建与人们生活活动息息相关的室内室外生产生活空间，在这些空间中所包容的建筑、植物、照明、标志物等事物往往在环境艺术设计当中被看成空间的一部分，被视为空间中有机的整体。这样在环境艺术设计当中所面临的虽然相对来说是具体的、独立的空间设计命题，但在解决单一问题的同时必须考虑整体环境，使整体和局部达到和谐统一，这就决定了环境艺术设计是解决功能性与艺术性相结合的过程。

第二章　环境艺术设计的基本构成

第一节　环境艺术设计的形与色

一、形体

下面，我们主要围绕形体进行具体阐述，内容包括形体概述、点、线、面、体以及形状。

（一）形体概述

通常情况下，形体是指物体的形状，任何一个可以用肉眼看到的物体都是有形体的。在环境中，我们直接建造的是有形的实体，并通过有形的实体限定出无形的空间，而人所需要的生活空间便是这无形的空间。空间形式也同样具有形状等属性。空间形有别于实体形，它也受实体形的限制和影响，它们之间是正与负、"图"与"底"的关系。实体与空间是相辅相成的，不可将二者割裂开来。实体的形是以点、线、面、体等基本形式出现的，它们在环境中有各自不同的表情及造型作用，其效果与材料的色彩、质感和环境中的光等因素之间存在很大的关联。这些实体的要素限定空间，决定着空间的基本形式和性质，而不同形式的空间又有着不同的性格与情感表达。比如，我们在设计中一定要有这种空间观念：一个广场并不等于一块大面积的地面上缀以各种建筑、设施、装饰和绿化，而是将它们根据功能、技术和艺术的要求有机和谐地组织在一起的完整空间。具备这种观念，是设计成功的前提。

某些形体被称为"有意义的形"，具有一定的表情。这主要是因为形体的一些基本要素与人的心理有某种程度的同构。其实，在地球上，不仅生物体有这种同构现象，非生物体的物质，甚至人的心理结构、社会结构等精神范畴的事物也常会有同构现象存在。另外，有些形具有一些约定俗成的含义，是由于多次的交流增进了人们心目中这一含义与此形的表象之间关系的确定性（固定性），因而形成了在这些形与特定的情感或观念之间稳定的心理联系。例如，中国画中的石头，其寓意源于对石头形象的视觉感受，诸如"质朴""守拙"等，显然，这并非石头本身所具有的意义。

环境中的静态形体，总是能表现出动态的美。重视视点流动的效果、倾向性张力的处理和动的因素利用，是使环境产生动态效果的主要方法。考虑视点流动的方法叫作空间标记法。空间标记法要求设计者凭借想象进入自己设计的环境，或者是进入所看到的建筑图、建筑模型所表现的环境，构成一系列随视点流动所产生的图景。这些图景既有序列性，又有动态性。方向和速度相结合的动因，往往包含于这种动态性之中。方向是造成动态性的一个重要因素。但丁记述过人们在波伦亚斜塔下向上望的情况，并明确指出，如果一片云正好向塔倾斜的反方向飘过，人们此时会感到塔正慢慢地倒下来。我们经常能在视点流动中发现类似的情况，如一条路延伸到某高层建筑，如果观者背向对景而走时，后视对景，会感到高层建筑正向观者逼近。

在中国古代建筑、园林艺术中，往往使用视点流动的手法。比如，在引道、入口、天井、庭院中总喜欢加一些作为近景的点缀；在室内处理花格，墙壁上开小孔，对远近的景物采取框、组、借、对等方法加以处理等，都能在视点流动时产生相对位移的动感。

动态感的强化，可以通过速度来实现。例如，开着门时看马走过，感到马速不快。从门缝中看马走过，感到其速度很快，所谓"白驹过隙"，说的正是这种动感。中国建筑与园林中常用小尺寸的花窗来框景，目的之一就是借相对速度感来追求景物的动态变化。

通常情况下，环境空间形体是静态的造型。环境中最普遍存在的"动"，是生活场面和环境昼夜四时的变化。举个简单的例子，天空的云彩作为建筑画面的背景，日月星辰散布于天空，也是建筑物的动态陪衬。极富创意的设计师用各种处理手法把上述变化"引"到具体环境中来，例如屋顶洞、玻璃幕墙、开放平面；在室内外安排水面，产生动的光影变化。除此之外，在现代的环境艺术设计中真正的"动"的形体也得到越来越多的使用，动态雕塑、喷泉流水装点环境，灯光旗帜烘托气氛等。

环境中的任何实体的形分解，可以抽象地概括为五种基本构成要素，即点、线、面、体、形状。在这里，需要特别指出的一点是，它们是人视觉感受中的环境的点、线、面、体、形状，在造型中具有普遍性意义。

形体的这五个基本构成要素不是由固定的、绝对的大小尺度来确定的，而是取决于人们的一定观景位置、视野，取决于它们本身的形态、比例以及与周围环境和其他物体的比例关系。

（二）点

在环境空间中，相对较小的形体都可以被视作点，它在空间中可以形成人的视线集中注视的焦点。因此，某一具体的环境空间往往使用单个点构图来强调、标志中心。

在室内环境中，也可以随时见到点：小的装饰物与陈设、墙面交叉处、扶手的终端都可视为点。显然，相对于它所处的空间而言，它只要足够小，就可以被称为点。例如，一幅小画在一块大墙面上或一个家具在一个大房间中可完全作为视觉上的点来看待。尽管点很小，但它在视觉环境中常可起到以小制大的作用。形态特别而且与背景反差强烈的点，特别是动的点更能引人注目。

当点超过一个时，可以建立这样的秩序：无序、复杂、变幻莫测的自由分布点，此外，还可以建立排列对称、稳定、渐进、有节奏或韵律感的严整秩序。

在环境中，两点构图能够起到某种方向作用，可建立三种秩序，即水平、倾斜和垂直布置。两点构图可以限定出一条无形的构图主轴，也可两点连线形成空幕。三点构图除了产生平列、直列、斜列之外，又增加了曲折与三角阵。四点构图除了以上布置之外，最主要的是能形成方阵构图。点的构图展开之后，铺展到更大的面所产生的感觉叫作点的面化。由于点大且多，点

的面化效果十分突出。点的面化，如镂空花窗，就没有什么点的感觉了，给人带来的就是一个面的感觉。点的线状排列也冲淡了点的感受，如希腊罗马建筑檐下的小齿，中国古建筑的椽头、瓦当等处理。进而，足够密集的点可以转化为"面"或"体"的感觉。

（三）线

线，就是点的线化的最终结果。在几何上，线的定义是"点移动的轨迹"，面的交界与交叉处也产生线。例如，有些线如边缘线、分界线、天际线等，在实体建成之后能看得见，可称之为实际线或轮廓线。另外，在环境艺术设计时，我们要做的轴线、动线、造型线、解析线、构图线等。这些线在实体建成后并不存在，但可以被人感觉到，可称之为虚拟线。前者可以使人产生很明确而直接的视感，后者可被认为是一种抽象理解的结果。"线是关系的表述"，这就是视觉感受上线的心理根源。面的凹凸"起伏"或不同方向在光照中呈现出不同的明暗变化，这时视觉感受到的线实际上是物体面的"明暗交界线"以及物体与背景相互衬托出的"轮廓线"。

实际上，环境实体造型就是造境，即创造某种艺术境界或意境。而创造境界，必然会涉及线这一基本要素。中国建筑与园林造型注重在线上下功夫。

在环境中，只要能产生线的感觉的实体，都可被称为线。例如，一栋住宅的平面，单独存在是一个面，但将其布置在一定的环境中，便产生线感。从比例上来说，线的长与宽之比应超过 10：1，太宽或太短就会引起面或点的感觉。

我们在生活中，总是能发现"线"这种实体，而且种类繁多，但无外乎几何线形与自由线形，主要体现在人工环境中的几何线形在环境造型中的运用区分为直线和曲线。直线可以分为三种，即水平、垂直、倾斜。自由线形主要由环境中尤其是自然环境中的地貌、树木等要素来体现。线与线相接又会产生更为复杂的线型，如折线是直线的接合，波浪线是弧线的接合等。当今的环境空间中，水平线与垂直线是最常见的线，因为"方盒子"是环境空间的主要组成部分。

通常情况下，水平线主要取决于楼地面。环境艺术设计对水平线加以表现，能产生平稳、安定的横向感。垂直线由重力传递线所规定，它使人产生力的感觉。特别是平行的一组垂直线在透视上呈束状，能强化高耸感，而哥特式建筑就是典型的例子。此外，不高的众多的垂直线横向排列，由于透视的关系，线条逐渐变矮变密，能让人觉得严整、有节奏感。而倾斜线往往会给人带来相反的感觉——不安定、多变化。它主要由地段起伏不平、屋面等原因造成。需要注意的是，设计者在设计过程中，应好好考虑如何应用倾斜线，最好其数量不要超过水平线与垂直线。青岛在环境中重视采用坡屋顶和保留地表起伏线，景观效果良好。与曲线相比较而言，直线的表情具有单纯而明确的特点。在外环境构筑物上直线造型往往会给人带来规整、简洁、现代感或"机器美感"，但往往由于过于简单，会使人感到缺乏个性与人情味。当然，同是直线造型，由于线本身的比例、总体安排、材料、色彩的不同，也会产生巨大的不同。

曲线则带给人不同的联想，如抛物线流畅悦目，有速度感；螺旋线具有升腾感和生长感等。曲线往往更加复杂、更富变化，尤其显得具有亲切感，具有浓郁的人情味。

在古代建筑中，较多地采用了曲线。集合曲线、复合曲线，往往应用于环境艺术设计之中。

简单几何曲线具有严整性、肯定性，易于被人掌握、利用；后者具有自由性、多变性、不易掌握，使人感到它与自由线型相似。在运用上述两种曲线时，按所取形态的不同，又分为开放曲线与闭合曲线两种。开放曲线包括半圆拱券、尖券、抛物线拱、冷却塔的双曲线、中国建筑屋顶举架线、螺旋楼梯线等。

在环境中，作为线出现的视觉形象有许多，有些线应该有意被强调而突出出来，如作为装饰的线脚、结构的线条等；有些是被有意隐蔽起来的，如被吊在天花中的构造、设备的线条等。

（四）面

实际上，线的展开就是面。面具有长度、宽度，但没有高度。此外，它还可以被视为体或空间的边界面。点或线的密集排列可以产生面的视觉效果，在一个原有的面上用线可以再划分出新的面。面的表情主要取决于由这一面内所包含的线的表情以及其轮廓线的表情。

另外，面还可以被理解为线平移或沿曲线移动、绕轴旋转而成。环境艺术设计中的面主要分为两种，即充实面与中空面。前者如楼地面、顶棚面、内外墙面、斜顶面、穹顶面、广场地面、园林水面等；后者如孔口、门窗、镂空花饰等。上述面又包括平面、斜面与曲面。

平面在环境空间中十分常见，大多数墙面、家具等造型均以平面为主。如果平面经过精心组合，会产生趣味、生动的效果，否则单独的平面比较生硬，没有好的视觉效果。方形与矩形，圆与半圆，三角形与多角形为设计中常用的基本形。方形四边及对角线分割相等，把它连续等分，交替产生有矩形与方形，在环境造型上使用，具有灵活性。它被认为是一种纯粹、静态、向心、稳定、中性、无偏向的面。宽银幕电影就是采用的这种矩形作画面。圆形与方形一样，有肯定的性质和简单的规律，易于被人掌握。

在规整空间中，较少存在变化，而斜面可以改善这一点。在视平线以上的斜面使空间显得低矮近人些，所以可带来亲切感；而在方盒子基础上再加出倾斜角，较小的斜面组成的空间则会加强透视感，显得更为高远，并引入视线向上。在视平面以下的斜面常常具有使用功能上较强的引导性，如斜的坡道、滑坡等这些斜面常具有一定动势，使空间变得有动感。

曲面主要分为两种，即几何曲面与自由曲面。它可以是水平方向的（如贯通整个空间的拱形顶），也可以是垂直方向的（如悬挂的帷幕、窗帘等），它们往往与曲线共同起作用，使空间产生不同的变化。在限定和分割空间方面，曲面的限定性更强。曲面内侧的区域感比较明显，人可以有较强的安定感；而在曲面外侧的人更多地感到它对空间和视线的导向性。通常，曲面的表情更多的是流畅与舒展，富有弹性和活力，为空间带来流动感。

在环境艺术形式中，面是一个十分重要的因素。形状各异的实体表面含有丰富多彩的表情，它们是环境形式语言中极重要的组成部分。面限定了环境实体与空间的三度体积。面的属性（尺寸、形状）以及它们之间的空间关系，决定了环境实体的主要视觉特征，以及它们所围合的空间的感官质量。环境中的面依照相对位置的不同可分为基面、墙面与顶面。任何环境场所都需要基面的支撑，因此基面是环境的重要构图要素。顶面是"帽子"，它或平整或弯曲，或简洁或丰富，对于环境形式均具重要影响。尽管环境中的面，尤其是建筑中的墙面形状要受到内容

的制约，但在不违背内容要求的前提下，对面的轮廓线进行推敲，在面上"抠洞""削切"，可以使原先呆板、生硬的面，变得有趣、生动起来。有时，有必要对大面积的地面、墙面、顶面进行面的划分，调整面的尺度和比例，产生多层次构图，这样一来，面的表情就会更加丰富。

（五）体

面在平移后，就形成了体（线的旋转轨迹也能形成体）。体主要有三个量度，即长度、宽度和高度，显然，它是三维的、有实感的形体。体一般具有重量感、稳定感与空间感。

几何形体与自由形体，是环境艺术设计中经常采用的体。较为规则的几何形体有直线形体，以立方体为代表，具有朴实、大方、坚实、稳重的性格；有曲线形体，以球体为代表，具有柔和、饱满、丰富、动态之感；有中空形体，以中空圆柱、圆锥体为代表，锥体的表情挺拔、坚实、性格向上而稳重，具有安全感、权威性。较为随意的自由形体则以自然、仿自然的风景要素的形体为代表，岩石坚硬骨感，树木柔和，皆具质朴之美。

环境艺术在表现内容方面，具有抽象象征性的特征，往往利用较为规则的几何形体以及简单形体的组合，它们是表现某具体环境特定含义、气氛的有效词汇。如室外环境中的建筑组群、园林构筑物、大型浮雕等艺术品、各种景观设施，室内环境中的构造节点、家具、雕塑、墙体凸出部分以及许多器物、陈设品等。"体"常与"量""块"等概念相联系。体的重量感与其造型、各部分之间的比例、尺度、材料（表面质感、肌理）甚至色彩有关。具有重量感的体会使其周围（或由体所围合）的空间也具有稳定、凝重的气质。巨大的实体构件往往造就静态与沉重的空间。

环境造型通常有很多组合和排列方式。经过长期的分析与研究，我们对形体组合的方法做出了总结，主要归纳为四个方面：

（1）分离组合。这种组合按点的构成来组成，较为常用的有辐射式排列、二元式多中心排列、散点布置、节律性排列、脉络状网状布置等。形成成组、对称、堆积等特征。

（2）拼联组合。将不同的形体按不同的方式拼合在一起。

（3）咬接构成。将两体量的交接部分有机重叠。

（4）插入连接体。有的形体不便于咬接，此时，可在物体之间置入一个连接体。体型组合会产生主从对比、近似同一、对比统一、对称协调的视觉心理感受，但是它们都有离不开整体性、肯定性、层次性、主从性的一般性要求。

（六）形状

通常，形状有三种情况，具体如下：（1）自然形，包括自然界中各种形象的体形。（2）非具象形，是有特定含义的符号。（3）几何形，根据观察自然的经验，人为创建的形状几乎主宰了建筑和室内设计的建造环境，最醒目的有圆形、三角形和正方形。

每种形状都有自身的特点和功能，对于环境艺术设计的实践有重要作用。在设计中，它们的运用十分灵活、富于变化。

经过长期的分析与研究，我们对形状的主要特性做出了总结，主要归纳为三个方面：

（1）图纸空间被形状分割为"实"和"虚"两部分，形成图底关系。

（2）形状被赋予性格，它的开放性、封闭性、几何感、自然感都对环境艺术起着重要的影响。例如圆形给人完满、柔和的感觉，扇形活泼，梯形稳重而坚固，正方形雅致而庄重，椭圆流动而跳跃。

（3）对形的研究还涉及民族的潜意识和心理倾向，特别是固定样式成为民族化语言的主要表达方式。

可以说，正方形、三角形与圆是形状中的基本形状，具有十分重要的意义。

（1）正方形。它有四个等边的平面图形，并且有四个直角。像三角形一样，当正方形坐在它的一个边上的时候，它是稳定的；当立在它的一个角上的时候，则是动态的。

（2）三角形。它能够使稳定感十分强烈地表现出来，所以这种形状和图案常常被用在结构体系中。从纯视觉的观点看，当三角形站立在它的一个边上时，三角形的形状亦属稳定。然而，当它伫立于某个顶点时，三角形就变得动摇起来。当它倾斜向某一边时，它也可处于一种不稳定状态或动态之中。

（3）圆。一系列的点，围绕着一个点均等并均衡安排。圆是一个集中性、内向性的形状，通常它所处的环境是以自我为中心，在环境中有统一、规整其他形状的重要作用。

二、色彩

在环境形态中，色彩是一个十分重要的要素。对于环境形态来说，它往往依附于形或光而出现。与形相比，色彩在情感的表达方面占有优势。人们观察物体时，首先引起视觉反应的是色彩，随着观察行为的进展，人眼对形与色的注意力才逐渐趋于平均。色彩往往给人非常鲜明而直观的视觉印象，因而具有很强的可识别性。色彩是很容易被人接受的，哪怕是无知的小孩，他们对环境的色彩都有反应。所以，色彩的感觉是一般美观中最大众化的形式。那些注目性强的色彩常常更能引起人们的视觉注意，即具有"先声夺人"的力量，所以有"远看颜色近看花，先看颜色后看花，七分颜色三分花"之说。在一些情况下，色彩能赋予普通形体一定的美感，起到"画龙点睛"的作用。但色彩往往也会受到形的一定限制，这就要求每位设计者必须做到在设计过程中与形一致，和谐配合，同时又与具体用途及环境进行恰当的搭配，只有做到这些，才能达到预期的效果。

（一）色彩三要素

应该说，环境中的色彩问题是色彩学在环境艺术设计中的应用分支。色彩三要素——色相、明度（色值）、纯度（饱和度），是决定人对色彩的感觉的主要因素。

1. 色相

从光学角度看，色相差别是由光波波长的长短不同产生，色彩的相貌是以红、橙、黄、绿、青、蓝、紫的光谱色为基本色相，一定波长的光或某些不同波长的光混合，呈现出不同的色彩表现，这些色彩表现就称为色相。

2. 明度

实际上，明度共有三种情况：

（1）同一种色相，由于光源强弱的变化会产生明度的不同变化。

（2）同一色相的明度变化，是由同一色相加上不同比例的黑、白、灰而产生的。

（3）在光源色相同情况下，各种不同色相之间明度不同。

在无彩色中，白色明度最高，黑色明度最低；在白色与黑色之间存在一系列的灰色，靠近白色的是明灰色，靠近黑色的是暗灰色。在有彩色系中，最明亮的是黄色，最暗的是紫色。因此，这两种颜色是彩色的色环中划分明、暗的中轴线。

在色彩三要素中，最具有独立性的就是明度。其原因在于，它能只通过黑、白、灰的关系单独呈现出来。任何一种有彩色，当掺入白色时，明度就会提高；当掺入黑色时，明度会降低；掺入灰色时，即得出相对应的明度色。可见，色相与纯度的显现依赖明暗。如果色彩有所变化，那么明暗关系也会随之改变。

3. 纯度

纯度属于有彩色范围内的关系，取决于可见光波长的单纯程度。当波长相当混杂时，就是无纯度的白光了。在色彩中，红、橙、黄、绿、青、蓝、紫等基本色相纯度最高，在纯色颜料中加入白色或黑色后饱和度就会降低，黑、白、灰色纯度等于零。

一个纯色加白色后所得的明色，与加黑色后所得的暗色，都称为清色；在一个纯色中，如果同时加入白色和黑色所得到的灰色，称为浊色。二者相比之下，明度上可以一样，但纯度上清色比浊色高。纯度变化的色可通过以下三种方式产生：

（1）三原色互混。

（2）用某一纯色直接加白、黑或灰。

（3）通过补色相混。

需注意一点，即色相的纯度与明度不一定是正比关系，前者高并不意味着后者也高。

（二）色调

按照色彩三要素，色调共有三种分类方法：

（1）按照色相，可划分为红色调、黄色调、绿色调、蓝色调等。

（2）按照明度，可划分为明色调、暗色调、灰色调等。

（3）按照纯度，可划分为清色调、浊色调等。

（三）色彩的视觉生理规律

众所周知，光是色彩这种物理现象的本质。人们看到的各种颜色，是光、物体、人的视觉器官三者之间关系的产物。色彩是色光所引起的视觉反应，没有视知觉的先天盲人，就无法想象和理解色彩；有视知觉，但没有色彩视知觉的色盲者，也无法辨认和感觉色彩。然而，人们的视知觉是建立在人的视觉器官的生理基础上的。为了更加深入地研究和应用色彩，我们应对色彩的视觉生理机制与视觉生理现象有所了解。

1. 色彩的视觉生理机制

（1）人眼的构造

人眼的外形呈球状，故称眼球。眼球内具有特殊的折射系统，使进入眼内的可见光汇聚在视网膜上。视网膜上含有感光细胞，即视杆细胞和视锥细胞。它们把接收到的色光信号传到神经节细胞上，又由视神经传到大脑皮层枕叶视觉中枢神经，色感就这样产生了。

眼球壁是由三层膜组成的。外层是坚韧囊壳，保护眼的内部，称为纤维膜，它的前 1/6 为角膜，后 5/6 为白色不透明的巩膜。角膜俗称眼白，光由这里折射进入眼球而成像。中层总称葡萄膜，颜色像黑紫葡萄，由前向后分为三部分，即虹膜、睫状肌和脉络膜。虹膜能控制瞳孔的大小，光线较强时，瞳孔变小，反之则变大。因此，虹膜能调节进入眼球的进光量。在眼球的内侧有视网膜，是感受物体形与色的主要部分。物体在视网膜上形成倒立的影像。

物体在视网膜上成像要通过水晶体、玻璃体、黄斑、中央凹等的共同作用来完成。光通过水晶体的折射，传给视网膜。水晶体能对焦距加以调整，作用与透镜相差无几。水晶体内含黄色素，黄色素的含量随年龄的增加而增加，对人们的色彩的视觉感受产生影响。光必须通过玻璃体才能到达视网膜，玻璃体带有色素，这种色素随年龄和环境的不同而变化。黄斑位于瞳孔视轴所指之处，即视锥细胞和视杆细胞最集中的地方，是视觉最敏感的位置，影响着人对色彩的感觉。黄斑下方是视神经，是物体在视网膜上刺激信息传入大脑视觉中枢的通道；其入口处形成乳头状，因缺少视觉细胞而没有视觉能力，故称为盲点。视网膜的上方是中央凹，这里是看到物体最清晰的位置，即物体影像与中央凹的距离越远，就越显得模糊。

眼睛的感光是由视网膜上的视觉细胞所致，即视锥细胞与视杆细胞。视锥细胞主要集中在中央凹内，含有三种感光蛋白原，分别接受红、绿、蓝三种色的感光作用，与色光的三原色相对应。它在强光下有着十分灵敏的感觉，能感觉色彩信息。视杆细胞主要分布在视网膜边缘，是人眼适应夜间活动的视觉机制，对色彩的明暗有着敏锐的感觉，可感受到弱光的刺激，在弱光下能辨别明暗关系，但不能分辨色相关系。

视杆细胞与视锥细胞共同完成物体的明暗度与彩色关系的视觉感受。视杆细胞多，则在弱光下视觉反应较强，反之则较差。靠近眼球前方各处有很多视杆细胞，但视锥细胞很少。每个人由于视锥细胞与视杆细胞的多少不同而形成个人之间的视觉差异。因此，人与人对色彩的认知不会完全相同。

（2）视觉过程

色彩，是人对世界认识的第一步。视觉的产生要经历这样的过程：首先要有光源把物体照亮，物体表面就会有光散射出来，散射出来的光投射到人眼睛的视网膜上，通过视网膜上的感光细胞把信号传递给大脑，经大脑分析判断后，就产生了视觉。入射光到达视网膜之前，折射主要发生在角膜和水晶体的两个面上。由于眼睛内部各处的距离都固定不变，只有水晶体可以凸出，故依靠水晶体曲率的调节可以使影像聚集在视网膜上。

视觉功能正常的人，物体影像投入眼球后，经折射正好聚焦在视网膜的感光细胞上。而视觉功能有障碍者，聚焦会自动落在感光细胞靠前或靠后的位置，这也是形成近视或远视的主要原因。人随着年龄的增长，眼球中的水晶体的弹性逐步减弱，调节能力也不像年轻时那么强，因此产生老年远视的视觉生理状态。老人看近处的物体常需借助聚光眼镜，将近处的光收拢后射入眼球，才能使物体在视网膜上成像。

2. 色彩的视觉生理现象

实际上，色彩的三要素在不同光源下产生复杂的变化时，在视觉生理上的反应也是错综复杂的。下面，我们主要围绕色彩的视觉生理现象进行具体的阐述。

（1）视阈与色阈

所谓视阈就是人的眼睛在固定条件下能够观察到的视野范围。视阈内的物体投射在视觉器官的中央凹时，物像最清晰；视阈外的物体则呈模糊不清状态。视阈的范围因刺激的东西不同而有所不同。人的视觉器官的解剖特征和心理、生理特征，是视野大小的决定因素。

所谓色阈就是人眼对色彩的敏感区域。由于视锥细胞中的感光蛋白原分布情况不同，而形成一定的感色区域。中央凹是色彩感应最敏感的区域。由中央凹向外扩散，感红能力首先消失，最后是感蓝能力的消失。色彩的视觉范围小于视阈，其原因在于，视锥细胞在视网膜上的分布、颜色不同，视觉范围也不尽相同。

（2）视觉适应

经过长期的分析与研究，我们对视觉适应的所有情况做出了总结，主要归纳为以下三个方面。

①明暗适应。在日常生活中，当你从亮处走进暗室时，开始什么也看不清，后来逐渐恢复正常视觉，这种现象叫作暗适应；反之，当我们从暗处走向亮处时，开始会感到耀眼，什么都看不清，后来逐渐恢复正常视觉，这种现象叫明适应。

在暗适应的过程中，眼睛的瞳孔直径扩大，使进入眼球的光线增加 10～20 倍，视网膜上的视杆细胞迅速兴奋，视敏度不断提高，从而获得清晰的视觉。这一过程大约需要 5～10 分钟。明适应是视网膜在光刺激由弱到强的过程中，视锥细胞和视杆细胞的功能迅速转换，与暗适应相比较而言，其适应时间要短很多，大约只需 2 秒。

②颜色适应。在太阳光下观察一个物体，然后马上移至室内白炽灯下观察，开始时，室内照明看起来会带有黄色，物体的颜色也带有黄色，几分钟后，当眼睛适应室内的灯光环境后，刚转移进来时的黄色感觉渐渐消失，室内照明也慢慢趋向白色。这种人眼在颜色刺激作用下所造成的颜色视觉变化称为颜色适应。

③距离适应。人眼具有自动调节焦距的功能。晶状体可以通过眼部肌肉自由改变厚度来调节焦距，使物像在视网膜上始终保持清晰的影像。因此，在一定的视觉范围内，眼睛能看清楚

不同距离的物体。

（3）视觉后像与视觉平衡

当外界物体的视觉刺激作用停止以后，在眼睛视网膜上的影像感觉并不会立刻消失，这种视觉现象叫作视觉后像。如果眼睛连续注视两个景物，即先看一个景物后再转移看另一个景物，视觉会产生相继对比，因此又称为连续对比。视觉后像分为以下两种。

①正后像。当视觉神经兴奋尚未达到高峰，由于视觉惯性作用残留的后像叫正后像。比如，你在电灯前闭眼 3 分钟，突然睁开注视电灯两三秒，然后再闭上眼睛，那么在暗的背景上将出现电灯光的影像。也就是说，正后像是物体的形与色在停止视觉刺激后，仍暂时有所保留的现象。

②负后像。正后像是神经正在兴奋而尚未完成引起的，负后像则是神经兴奋过度所引起的，因此二者相反，负后像的色彩反映为原物色的补色。负后像反映的强弱与观察物体的时间成正比，观察时间越长，负后像越强。当你长时间凝视一个红色方块后，再把目光迅速转移到一张灰白纸上时，将会出现一个绿色方块。由此推理，当你长时间凝视一个红色方块后，再转向绿色时，绿色感觉更绿；如果将视线移向黄色背景，那么黄色上会带有绿色。同理，灰色的背景上，如果注视白色（或黑色）方块，迅速抽去白色（或黑色）方块，灰底上将呈现较暗（或较亮）的方块。

色彩中的负后像是色相的补色，是由视觉生理与视觉心理平衡的需要而产生的，因此又称心理补色。自然界的色彩使人的视觉器官产生色觉，同时也使大脑中枢神经产生色彩的生理平衡需求。色彩视觉上负后像的产生，就是视觉生理互补性平衡的需要。视觉负后像的干扰，往往有碍于人们对颜色的判断。如初学色彩者在练习看色时，长时间的色彩刺激会引起视觉疲劳而产生后像，降低感受色彩的灵敏度与分辨能力。为了避免这种情况的发生，我们在观察和看色时，要对节奏加以把握。

为了保持视觉生理的互补性平衡，在色彩设计时必须使色彩搭配协调。中性灰（即 5 级灰），是人眼对色彩明度的舒适要求。其原因在于，它符合视锥细胞感光蛋白原的平均消耗量，又不会刺激人眼。此外，能产生视觉生理平衡效果的多种色彩组合，亦可符合要求。

（4）色彩的前进感与后退感

从生理学上讲，人眼晶状体的调节作用对距离的变化十分灵敏，但它存在限度——无法正确调节波长微小的差异。眼睛在同一距离观察不同波长的色彩时，波长长的暖色在视网膜上形成内侧影像；波长短的冷色则形成外侧影像。这也是暖色"前进"、冷色"后退"的主要原因。

色彩对比的知觉度，也在一定程度上影响着色彩的前进感与后退感。通常情况下，对比度强、明快、高纯度的色彩具有前进感，对比度弱、暧昧、低纯度的色彩具有后退感。

（5）色彩的膨胀感与收缩感

不同的色彩会产生不同的膨胀感与收缩感，导致面积错视现象。当各种不同波长的光同时通过水晶体时，聚集点并不完全在视网膜的一个平面上，因此，视网膜上的影像的清晰度就有一定的差别。长波长的暖色影像在视网膜后方，焦距不准确，因而在视网膜上所形成的影像模糊不清，具有一种扩散性；而短波长的冷色影像就比较清晰，似乎具有某种收缩性。所以，我们平时在凝视红色的时候，时间长了会产生眩晕现象。如果我们改看青色，这种现象就会消失。如果我们将红色与蓝色对照着看，由于色彩同时对比的作用，其面积错视现象就会更加明显。

明度，也在一定程度上影响着色彩的膨胀感与收缩感。明度高有扩张、膨胀感；明度低有收缩感。有光亮的物体在视网膜上所形成影像的轮廓外似乎有一圈光圈围绕着，使物体在视网膜上的影像轮廓有所扩大。比如，通电发亮的电灯的钨丝比通电前的钨丝似乎要粗得多，生理物理学上称这种现象为"光渗"现象。

（四）色彩的视觉心理现象

下面，主要围绕色彩的视觉心理现象进行具体的阐述。

1. 色彩组合与心理效应

色彩是大自然的产物，对人的心理产生一定的影响，有必要对其做出研究。下面，主要围绕色彩组合及其对人产生的心理效应进行具体的阐述。

（1）色彩的冷暖感

色彩本身并无冷暖的区分，其冷暖感是人类从长期生活感受中取得的经验：红、橙、黄像火焰，给人以暖和感；绿、蓝、蓝绿像海洋、冰川，给人以凉爽感。从色相上看，红、橙、黄等暖色系给人以暖和感，相反，绿、蓝、蓝绿等冷色系给人以凉爽感；在纯度上，纯度越高的色彩越趋暖和感，而明度越高的色彩越有凉爽感，明度低的色彩则有暖和感。无彩色总的来说是冷的，黑色则呈中性。

（2）色彩的轻重感

色彩可以改变物体的轻重感，色彩轻重的视觉心理感受与明度有关。明度高的色彩给人以轻的感觉，如白色、浅蓝色、天蓝色、粉绿、淡红等；而明度低的颜色给人以重的感觉，如黑色等。

在日常生活中，色彩的轻重感有着广泛的应用。比如，冰箱是白色的，不仅让人感到清洁、美观，也让人感到轻巧些；保险柜、保险箱都漆成深绿色、深灰色，其质量与冰箱相差无几，但看上去很有安全感，因为感觉厚重得多。

（3）色彩的兴奋与沉静感

色彩可以给人带来兴奋与沉静的感觉。明亮、艳丽、温暖的色彩能使人兴奋；沉着、素净、寒冷的色彩能使人安静。诸如红、黄等颜色，都能引起人们精神的振奋。逢年过节，我国往往以红色装扮，以营造喜庆的氛围。蓝、蓝绿等颜色让人感到安静，甚至让人感到有点寂寞，这种颜色就被称为"沉静色"。从色彩的明度上看，高明度色会产生兴奋感；中、低明度则有沉静感。纯度对兴奋与沉静的心理效应影响最显著，纯度越低，沉静感越强；反之，纯度越高，兴奋感越强。

（4）色彩的华丽与朴实感

色彩可以给人带来华丽与质朴的感觉。通常，同一色相的色彩，纯度越高，色彩越华丽；纯度越低，色彩越朴实。

明度的变化也会产生这种感觉，明度高的色彩即使纯度较低也给人艳丽的感觉。所以，色彩的华丽、朴实与否，主要取决于色彩的纯度和明度。高纯度、高明度的色彩显得华丽。

在色彩组合上，色彩多且鲜艳、明亮则呈现华丽感，色彩少且素净、沉着则呈质朴感。色彩的华丽和质朴与对比度之间也有关联，对比强烈的组合有华丽感，对比弱的组合有质朴感。因此，色彩的华丽与朴实取决于对比。此外，色彩的华丽与质朴与心理因素相关，华丽的色彩一般和动态、快活的感情关系密切，朴实的色彩与静态的抑郁感情有着紧密的联系。

2. 色彩联想

色彩联想受诸如个性、生活习惯、记忆、年龄、性别等多方面因素的影响。如中学生看到白色，容易联想到墙、白雪、白兔等；成年人可能会想到护士、白房子等。经过长期的分析与研究，我们对色彩的联想做出了总结，主要归纳为以下两个方面。

（1）具体联想

所谓色彩的具体联想，是指由看到的色彩联想到具体的事物。

（2）抽象联想

所谓色彩的抽象联想，是指由看到的色彩直接联想到某种抽象的概念。通常，儿童多产生具体联想，成年人多产生抽象联想。显而易见，人对色彩的认识随着年龄、智力、经历的增长而发展。

3. 色彩的象征

所谓色彩的象征性，是指以高度的概括性和表现力来表现色彩的思想和感情色彩，是一种思维方式。各个民族、各个国家由于环境、文化、传统、宗教等因素的不同，其色彩的象征性也存在较大的差异。充分运用色彩的象征意义，可以使所设计的纺织品具有深刻的艺术内涵，使其文化品位得到极大提升。

以红色为例，我国逢年过节就张灯结彩，红旗飘扬，呈现一派欢庆热闹的气象。我国民间婚庆喜事都用红色；现代举行婚礼，新郎、新娘都要胸前别一朵红花，穿红色的服饰。此外，中国人以"红双喜"作为婚礼的传统象征。

总之，色彩的象征意义十分重要。因此，我们在进行环境艺术设计时，要充分考虑这方面的内容。

（五）环境的色彩匹配

色彩的匹配就是两种以上的颜色在环境中以各自的位置、色调面积进行组合安排，使它们

之间保持协调。协调即配色让人感到舒服，是通过对比变化中求统一而得的。从大体上来讲，色彩配色的协调分为两种。一种为类似协调，是在统一的前提下求变化，如采用红色为主调时，与相邻的紫色匹配则协调，同时两种色彩还有着一定的对比。类似协调中还包括统一协调，比如利用不同的黄色组成的协调。另一种为对比协调，是在变化中求统一，即将变化放在首位，如采用不同的色相红与绿的对比，在使用这种对比时一定要保持一种色彩始终占据支配地位（这种支配地位与色相、明度、纯度、色彩面积有关），这样才能使其他颜色衬托主体对象，不会引起"乱调"，从而获得变化中的协调效果。这种对比协调又可细分为三种，即秩序对比（又称几何对比，指在色环上构成一定几何关系的几种色彩组成的对比）、互补对比（指在色系中，对应的处于补色关系的色彩构成的对比协调）与无彩对比（指运用黑、白、灰组成的无彩系对比）。

对于设计者而言，环境色彩设计的难度较大。其原因在于，在设计的过程中会受到许多限制，不仅要遵循一般的色彩对比与协调的原则，还要综合考虑具体位置、环境要求、功能目的、地方特色、服务对象的具体意愿等因素，并尽可能利用材料本身的色彩、质感和光影效果，丰富和加强色彩的表现力，更好地传达色彩信息与意义。所以每位环境艺术设计者在进行环境色彩匹配的设计时应该注意色彩的共性、主从性、显明性，此外，还要对风俗习惯多加考虑。

第二节　环境艺术设计的质与光

一、材质

在环境艺术设计中，材质是一个重要的表现性形态要素。人们在和环境的接触中，肌理起到给人各种心理上和精神上引导和暗示的作用。通常情况下，它常用来形容物体表面的粗糙与平滑程度。此外，它还可用来形容物体特殊表面的品质，诸如石材的粗糙面、木材的纹理以及纺织品的编织纹路等。

经过长期的分析与研究，我们对材质的特性做出了总结，主要归纳为以下五个方面。

（1）大体来讲，质地又分为触觉质感与视觉质感两种基本类型。触觉质感是真实的，在触摸时可以感觉出来。视觉质感是眼睛看到的，所有触觉质感也均给人以视觉质感。一方面视觉质感可能是真实的，另一方面视觉质感可能是一种错觉。

（2）材质包括两大类，即天然材质与人工材质。天然材质包括石材、木材、天然纤维材料等；人工材质包括金属、玻璃、石膏、水泥、塑料等。

（3）材质不仅给我们肌理上的美感，还在空间上得以运用，能营造出空间的伸缩、扩展的心理感受，并能配合创作的意图，营造某种主题。质地是材料的一种固有本性，我们可用它来点缀、装修，并给空间赋予含义。

（4）尺度大小、视距远近和光照，都会影响我们对质地的感受。所有材料都具有质感，而质地的肌理越细，其表面呈现的效果就越平滑光洁，甚至粗劣的质地从远处来看，也会呈现某种相对平整的效果。

（5）光照会对人们对质地的感受产生很大的影响，反过来，光线也受到它所照亮的质地的影响。当直射光斜射到有实在质地的表面上时，会提高它的视觉质感。漫射光线则会减弱这种实在的质地感，甚至会模糊掉它的三维结构。

需要特别指出的一点是，设计者要根据表现的需要来选择不同质感的材料，切忌一味地追求精细与"豪华"。其原因在于，大多数情况下，只有做到"高材精用，低材广用"，才能达到较好的效果。

二、光影

环境艺术设计中的形体、色彩、质感表现，都与光的作用有关。光自身也具有装饰作用。下面，我们主要围绕美学意义上的光进行具体阐述。

大体来讲，环境中的光可以分为两大类，即自然光与人工光。自然光主要指太阳光源直接照射或经过反射、折射、漫反射而得到的。太阳是取之不尽的源泉，它照亮了世界，照亮了环境的形体和空间。随着时间的推移与季节的变化，日光又将变化的天空色彩、云层和气候传送到它所照亮的表面和形体上去，进一步形成生动明亮的物体形象。阳光通过我们在墙面设置的

窗户或者屋顶的天窗进入室内，投落在房间的表面，使色彩增辉、质感明朗，使我们可以清楚明确地识别物体的形状和色彩。由于太阳朝升夕落而产生的光影变化，又使房间内的空间活跃且富于变化。阳光是最直接、最方便的光源，它随时间不同而变化很大，强烈而有生气，常常可以使空间构成明晰清楚，环境感觉也比较明朗而有气魄。对于人类活动而言，自然的阳光是最适合的光线，而且人眼对日光的适应性最好，对人们的身心健康会起到助益作用。当然，这是在日照正常的前提下，如果日照过量，就会产生负面作用，如灼伤皮肤、产生眩光等。

由于人们不可能完全地、无限制地利用太阳光，所以在太阳落山或遇到恶劣天气时，应运用人工方法来获得光明。在获得光明的过程中，先辈做出的努力，要远比直接摄取太阳光付出的代价大得多。从自然中采取火种，到钻木取火、发明火石和火柴，直到获得电源，这段历程可谓漫长而曲折。最终，电灯给人类带来了持久稳定的光明，并使今天的人类一刻也离不开电源。随着社会的发展，科技的不断进步，人工光源在如今已种类繁多，且愈发先进。人工光源可产生极为丰富的层次和变化，能够产生不同效果。

人工采光要求适当照度。设计者在这一方面要注意以下问题：

①光的分布。

②光的方向性与扩展性。

③避免眩光现象。

④光色效果及心理反应。

照明，是光在环境艺术设计中最基本的作用。适度的光照是人们进行正常工作、学习和生活所必不可少的条件，所以设计者应充分考虑自然采光与人工照明。环境场所必须根据具体情况维持适当的亮度，如合理的窗口、位置与面积，窗子采用透光系数多大的材料，以及内壁采用反光系数多大的材料，光源的数量和种类等。正是光的存在才使我们的眼睛看到对象的形状、大小、轮廓，材料的质感、肌理、色彩、相互关系以及位置等。光的照明有助于我们观察与认识空间环境。光的千变万化效果取决于很多因素，如物体表面的不同质感的材料、物体的不同色彩、物体离光源的远近关系等。

通常情况下，人的视觉对较亮的物体更加敏感。所以，设计中常常将视觉重点用较强的光来照射，使其更加突出、醒目。比如，火车站内的车况显示屏，本身的颜色要突出，背景应以暗色为主，且不给予强的灯光，使人在较为拥挤的环境中很容易注意到它；在公共环境中，亮部指示由于吸引人的视线，造成一种自然、有效的导向作用。

在环境中，照明的方式有许多，大致分为三种：

（1）泛光照明，是指使用投光器映照环境的空间界面，使其亮度大于周围环境的亮度。这种方式能塑造空间，使空间富有立体感。

（2）灯具照明，一般使用白炽灯，也可以使用色灯。

（3）透射照明，是指利用室内照明和一些发光体的特殊处理，光透过门、窗、洞口照亮室外空间。

对于设计者而言，在进行光的设计过程中，应考虑一些因素，主要体现在五个方面：

（1）物理因素，包括光的波长和颜色，受照空间的形状和大小，空间表面的反射系数、平均照度等。

（2）生理因素，包括视觉工作、视觉功效、视觉疲劳、眩光等。

（3）心理因素，包括照明的方向性、明与暗、静与动、视觉感受、照明构图与色彩效果等。

（4）空间环境因素，包括空间的位置，空间各构成要素的形状、质感、色彩、位置关系等。

（5）经济和社会因素，包括照明费用与节能、区域的安全要求等。

此外，光色还是重要的照明与造型手段，主要分为以下两种。

（1）暖色光。在展示窗和商业照明中常采用暖光型与日光型结合的照明形式，餐饮空间多以暖光为主，因为暖色光能刺激人的食欲，并使食物的颜色显得好看，使室内气氛显得温暖；住宅多为暖光与日光型结合照明。

（2）冷色光。由于使用寿命较长，体积又小，光通量大，易控制配光，所以常作为大面积照明方式。但需要注意的是，若要使冷色光达到预期的效果，必须与暖色光结合使用。

环境实体所产生的庄重感、典雅感、雕塑感，使人们注意到光影效果的重要。环境中实体部件的立体感、相互的空间关系是由其整体形状、造型特点、表面质感与肌理决定的，显然，光的参与促进了这些的实现；否则，这些都无法很好地实现。在室内环境中，有些节点细部、家具、陈设、饰物特别是装饰艺术品如雕塑、壁挂，在比较重要的视觉位置上，更需要用适当的光的渲染来表现，使其特色、美感得以增强。

材料的质感与肌理表现，同样离不开光的参与。比如，优秀的雕塑家在创作雕塑作品时，都会考虑到在光的影响下的质感表现，而且常常运用对光的反射程度迥异不同的材料组合来形成动人的强烈的质感对比。另外，在我们欣赏木雕、陶艺作品时，如果光没有被应用好，那么作品的美感会削弱许多；反之，如果应用得极佳，效果会令人惊叹。

除了以上作用以外，光还有一个作用——自身的装饰作用。光影本身的造型效果，往往是与实体共同作用的。

在烘托环境气氛方面，光也能起到很好的作用。光的这种作用犹如绘画与摄影中画面的调子，特别是在决定感情基调方面。例如在室内环境中，往往在暗的大片底色背景中用局部明亮的强光照在精致的形上，所表达的这种感觉，类似油画创作中的"低长调"，美术馆、音乐厅、剧院、夜色中的广场、公园常用此手法。另外，光线也可以以"亮"的主调表达，配合缤纷的色彩，如儿童乐园、星级酒店等。

环境气氛的创造离不开光与色的综合作用。实际上，光源色是一种重要的环境色。自然光的色彩倾向在一天中总是随着日照的变化而变化，清晨偏暖呈橘色倾向，傍晚偏冷呈微紫倾向，这期间则呈中性。但微小的变化每时每刻都在进行，还受到晴天、阴天、云彩等因素的影响。不同种类的灯光也有不同的色彩倾向，如常见的白炽灯偏黄偏暖，荧光灯偏蓝偏冷，霓虹灯更是五光十色。在环境中，一定的色光可形成一种主调，使室内物体的色彩更加和谐。色彩倾向明显的光甚至可以完全改变环境的色彩，舞台灯光就是一个很好的例子。

在城市灯光环境艺术设计中，光的照明、造型、装饰作用得到了集中体现。构成灯光辉煌

的环境除了建筑物的灯光外，就是街道和广场的室外人工光源。街道的照明首先是满足行人使用上的要求，同时也与店面、广告牌的照明协调好，赋予其视觉审美性。广场的光设计，应根据其大小、形状、内环境、周围环境确定其方式，在环境气氛上注意景观的主次，同时考虑周围建筑物的光效，避免眩光。公园的照明应根据各景点的功能确定光的设计，可以浓密的树木作为背景来表现小品、雕塑、纪念碑的轮廓、明暗和韵律。公园灯具的形式应配合绿化环境的设计。在进行绿地与水面的光设计时，应保证夜间绿地的外观翠绿、鲜艳、清新并注意与灯光的色彩相结合；绿地的照明灯宜用汞灯、荧光灯等。表现树木时，应采用低置灯光与远处的灯光相结合；水面包括水池、喷泉、瀑布等，常常在其周围设置合适角度的照明设施，灯光映在水面上，形成倒影，波光粼粼，使其梦幻效果得以凸显。

总之，环境艺术设计的基本要素是设计者在创作中的重要手段，设计者应对其有一个深入的认识，并加以灵活运用。只有做到这一点，才能设计出优秀的环境艺术作品。

第三章　环境艺术设计的表现形式

第一节　壁画与环境艺术

一、壁画与公共环境艺术的理论概述

（一）壁画的定义和种类

在壁画中"壁"是关键所在，包含所有能够借助平面展现的东西，比如墙壁、地面、门窗、天花板等。现代对壁画的定义将壁画与公共环境艺术紧密地联系起来，以此来表明壁画拥有丰富多彩的表现方式。壁画的种类同其表现形式一样丰富多彩，主要可以分为三种：一是平面形式的壁画，这种壁画主要在二维的平面中展现；二是立体形式的壁画，主要在三维立体空间中展现，比如各种浮雕、高浮雕等；三是动态形式的壁画，此类壁画的展现需要借助先进的科技手段，通过这些科技手段才能观看动态壁画。

（二）公共环境艺术的含义

1. 壁画与公共环境艺术的关系

公共环境是一个整体，它包含自然环境、人文环境和社会环境等多个要素，综合性是其特点之一。人们的日常生活都是在公共环境中进行的，公共环境艺术给人们带来了多姿多彩的艺术享受。壁画是公共环境艺术不可或缺的部分，也是对公共环境艺术的完美诠释和拓展，是环境的美化物，亦是环境的一部分。壁画的内容要积极向上，与时代发展的主题相适应；壁画的尺寸设计则应与周边环境高度协调。壁画是对环境的诠释，也是对环境的拓展，可以使有限的普通空间升级为拥有无限艺术魅力的艺术空间。因此，壁画作为公共环境艺术的重要构成部分，应当积极参与到城市建设当中，担负起营造城市气氛、美化城市形象的责任，营造优美的公共环境。

2. 公共环境中的壁画特点及其价值表现

首先是整体性。根据不同建筑物的特点在其表面加入与之相适应的壁画，可以使建筑物与周围的环境相融合，形成一个协调统一的整体。壁画有美化周边环境的作用，但如果壁画的内容过于激进或者不符合社会发展的需要，也会影响其与周边环境的协调性，甚至恶化环境。因此，在建造壁画时要仔细观察周边环境，选择合适的题材和内容，使壁画与环境相协调，这样才能充分发挥壁画的美化作用。其次是附属性。壁画相比普通的绘画作品有其独有的特点，需

要借助墙壁、建筑物等载体来展现，这一特色增加了壁画的艺术价值和审美价值。壁画与公共环境是一个有机的整体，既依附于彼此，也在无形中相互制约，这也使壁画独具新颖性，多了一份与众不同的艺术意义。最后是多样性。除了附属性，壁画还具有多样性，这种多样性体现在表现形式、依附物的多样性等方面，墙壁、天花板、建筑物等依附物的不同使壁画的样式更具多样性，此外，随着社会经济的发展，科技手段也被广泛应用到壁画之中。

二、壁画在环境艺术中的价值表现

壁画的应用价值主要体现在以下两点：

（一）壁画的感官价值

怎样才能让壁画最大程度地发挥其感官价值，可以从两个方面入手。一方面是壁画的尺寸设计。在设计壁画前要先调查好周围环境空间的大小，使壁画的尺寸与周围环境相协调。既不要太突兀，也不要太不起眼，壁画要与周围环境形成一个和谐的整体。另一方面是内容与表现形式的创新。内容和表现形式是决定作品质量高低的关键因素，只有将两者完美融合，才能创作出质量上乘的优秀作品，壁画作品的创作也是如此。有"世界最大陶瓷壁画"之称的陶瓷壁画《白鹤》采用陶瓷板的材质，在内容上以湿地公园的白鹤为作品的主元素，通过各种元素和色彩的合理搭配，生动形象地展现出一幅环境秀美、白鹤翱翔的自然生态风光，给人的视觉感受十分优美。

（二）壁画本身具有的文化价值

首先是其具有的教育意义。壁画有特殊的教育意义。将某一重大的历史事件通过壁画的形式展现出来，既可以纪念这一历史事件，又可以提醒人们铭记历史，传递历史事件所展现的精神和正能量，起到一定的教育意义。壁画在丰富人们审美观的同时也在向大众传递着美学理念。运用不同的艺术表达方式展示壁画的具体内容，这也使壁画拥有了浓浓的文化韵味。古代东方壁画运用的表现手法大多较为委婉和抽象，传递出独特的历史韵味，也使四周环境更为古朴和朦胧。现代壁画既可以展现热情高雅的情调，也可以加入活泼亮丽的色彩；既可以展现先进的科学技术，也可以传达浓浓的历史韵味。

三、壁画的多元化发展

壁画的多元发展一直都在进行。经济全球化将世界紧密联系到一起，科技缩短了人与人之间的距离，文化交流越来越密切，人们的价值观念也逐渐趋同，而艺术则趋向于多元化方向发展。壁画艺术作为艺术的子类型之一也处于多元化的发展状态之中，这种多元化的发展首先体现在概念的变化上，壁画艺术传统的概念已经渐渐模糊，分类逐渐细化。其次，壁画艺术的表现形式相互影响、相互作用。壁画的表现形式多，用材多样，可以改变空间环境，参与空间环境的二次创造。随着人们对美的理解不断加深，追求美应当更贴近生活，更真实自然，并可以起到引人深思的作用。科技与环境逐渐融合，借助科技的力量去顺应自然，与环境相协调，改变以往改造自然的观念。这种观念也在一定程度上丰富了公共环境艺术及壁画的视觉语言与价值。新的表现形式、新的观念、新的内容使壁画和公共艺术日益多元化，并充满新的文化元素。

第二节　建筑与环境艺术

一、建筑的趋势与背景

时至今日，我们赖以生存的地球环境正在经历深刻的变化，全球气候异常，生物物种锐减，能源危机、环境污染日益严重。人类活动是地球上所有这些变化的重要诱因，其中，建筑业与其相关产业的能源消耗占到了全社会能耗总数的约50%，也为岌岌可危的地球生态环境"贡献"了近一半的温室气体。建筑与建造活动是对自然环境的干预，这是一个毋庸置疑的事实。而当代科学技术进步和社会生产力的高速发展，更是加速了人类文明的进程，与此同时，人类社会也面临着一系列重大环境与发展问题的严重挑战。人口剧增、资源过度消耗、气候变异、环境污染和生态破坏等问题威胁着人类的生存和发展。在严峻的现实面前，人们不得不重新审视和评判我们现时的城市发展观和价值系统。人类本身是自然系统的一部分，它与起支撑作用的环境息息相关。在城市发展和建设过程中，我们今天必须优先考虑生态环境问题，并将其置于与经济和社会同等重要的地位上，认真对待。

与此同时，随着经济和社会的快速发展，人们越来越关注生活的质量，绿色生活逐渐成为越来越多的人追求的生活目标。绿色设计是指在产品及其寿命周期全过程的设计中，充分考虑对资源和环境的影响，在充分考虑产品的功能、质量、开发周期和成本的同时，优化各有关因素，使产品及其制造过程中对环境的总体负影响减到最小。绿色设计又称为面向环境的设计，是现代出现的一股国际潮流。它反映了人们对现代科技文化所引起的环境及生态破坏的反思，同时也体现了设计师道德感和社会责任感的回归。在国内，随着经济社会的迅速进步，环境设计也迅速发展，各种设计理念和设计风格也应运而生。与此同时，也存在以各种牺牲作为代价的比如以小环境的舒适牺牲了人类居住环境、以昂贵的欲望牺牲对人类健康的本质追求、以一哄而上的热度牺牲对真正设计内涵的理性追求等诸多问题，并带来了较为严重的后果。因而，在环境艺术设计过程中，探寻真正的"绿色设计"开始成为艺术设计者们追逐的目标，并设计出很多绿色作品。

二、环境艺术与建筑

现代社会，环境艺术与建筑是建筑与建造活动中与环境关联紧密的两门学科。环境艺术设计专业作为一个新兴专业，在国内艺术设计学科建设中，发展历程较短，正处在蓬勃向上的成长期。环境艺术设计涉及的范围广阔，专业结构上是由多种学科领域交叉构成的复合体，知识结构呈现多元化、综合化的"大知识组团"，而且具有扩大化的发展趋势。

归根结底，环境艺术设计的目的是对人们所处的生活空间环境进行有序地规划与设计，是使自然环境生态化、社会环境艺术化、人工环境和谐化的有效手段之一。

建筑体系是基于生态系统良性循环原则，以"绿色"经济为基础，"绿色"社会为内涵，

"绿色"技术为支撑，"绿色"环境为标志建立的一种新型建筑体系。在研究上，它将自然、人和人造物纳入统一研究视野，不仅研究人的生活、生产和人造物的形态，而且研究人赖以生存的自然发展规律，研究人、自然与建筑的相互关系。在目标上，它追求人（生产和生活）、建筑和自然三者的协调和平衡发展。在方法上，它主张"设计追随自然"。在技术上，它提倡应用可促进生态系统良性循环、不污染环境、高效、节能和节水的建筑技术。建筑所代表的是高效率、环境好而又可持续发展的建筑，自身适应地方生态而又不破坏地方生态的建筑。它所寻求的是一种可持续发展的建筑模式。建筑要赋予建筑以生命，它是一个能积极地与环境相互作用的、可调节的生态系统。

建筑的基本概念主要有两点：提供给使用者有益健康的建筑环境，并提供高质量的生存活动空间；尽最大限度回归自然，保护环境，减少能耗。在人类建造过程中，这两者是相互矛盾的。人类为了建造舒适的生活及工作环境，就要通过各种手段向大自然索取和消耗自然资源。然而，光有索取而没有回报必然对自然环境造成无法挽回的损失，为此，人类索取与回报之间的矛盾，已成为建筑发展的核心问题。同时建筑实际上是这样的一种实践活动：最大限度地利用天然条件并通过人工，手段创造舒适的环境，同时又要严格控制和减少人类对于自然资源的占有，即确保自然索取与回报之间的动态平衡。这种动态平衡不但要反映在建筑设计和建造时所采用的合适方法及因地制宜的材料上，而且更应体现在它对资源的消耗利用程度和回报自然程度状态上。由此看来，可以这样说：建筑是一种崭新的设计思维和模式，在使用中对精神层面的重要性给予更多的关注，全方位地关心使用者的生理以及心理的健康，保证其健康舒适地生活。

三、以全面绿色为终极目标

在现实中，很多环境设计产生了一个误区，认为只要注意到材料的环保，采用"绿色"建材，保护环境及生态平衡，减少物质和能源的消耗，就可以达到身心健康。诚然，为人类健康着想，减少有害物质的排放，尽量采用符合质量标准的环保建材，与以往相比的确具有其根本的优势和进步性。然而，这只是"绿色"的一个方面，我们更应该关注"全面绿色"，"全面绿色"包括物质绿色和精神绿色两个方面。如果只是物质这个单一的方面达到了绿色标准，并不意味着实现了全面的绿色标准。任何设计都不可避免地要考虑人的精神因素，人的精神变化受到影响的一个重要原因不仅在于是否选择了合适的物质原料，更在于这些物质原料在设计过程中是否注入了人的因素，即：设计者是否关心人的情感，是否巧妙地将物质原料进行合理的规划，利用各种相关因素把设计对象审美化，更切合人的情绪，是否使人产生归属感以及自我价值实现的满足感。物质关注加精神关注才更能体现"全面绿色"。作为艺术设计者，应该以创意的眼光，将环境的空间、色彩、光线、空气等要素有机地整合起来，形成独特的风格，以充分体现"全面绿色"的形象内涵。"全面绿色"是人类生存质量的标准。

四、绿色设计要充分体现民族文化传统

建筑中包含民族文化的传承。民族的形成是一个漫长的历史过程，是以种族、血缘、亲缘、地域等多种复杂因素为基础构成的，较为固定的、随血脉代代相传的人群组合形式。种族血缘

的归属感和维护感，在生产方式、生活习惯、是非标准等方面形成了一个民族特有的风俗习惯。这种民族文化积累的过程和演变所形成的规范及表现形式，通常被称为民族传统。民族传统文化体现了一个民族的世界观和认识世界的方法及对自然认识的深度和广度。"绿色设计"应体现传统文化的心理内涵，使人更具有民族自豪感和归属感。

我们从差异性上来分析，在世界全球经济一体化的今天，虽然人们对"绿色"内涵可以基本达成共识，但是在许多层面，受根深蒂固的民族传统和不同地理环境及气候的影响，人们对环境会有不同的心理感受，有些感觉上的差异甚至是完全相反的。中国对环境评价的标准已经形成一套独立的规范系统，而且代代相传，发展至今。尽管由于过于神秘化而似乎显得缺乏科学根据，但是我们应该认识到这只是它的存在形式与现代科学理论不同，更不能简单地以伪科学论之。

我们从融合性来看，任何民族或群体，都毫无例外地生活在一定的民俗中。各民族或群体的民俗，虽然表现为不同的形态（物质的或精神的），但实际上就是指民族或该群体的生活方式和文化传统，民俗的最本质特点是在群体的传承中逐渐积淀而成的。各个民族的风俗都带有很强的民族特色，包含着浓郁的民族风味。无论是何种地域文化、何种民族传统、何种民俗中的人，都追求绿色健康的生活，力求在各自不同风格的基础上融入安全舒适和健康的概念。无论将来的环境设计如何发展，都必须注意传统文化与现代文明的不断融合。也就是说，环境设计必须与传统文化紧密联系，创造高品位的生活环境，具体表现在三个方面：一是要创造性地运用传统设计空间、结构、图形等元素，用现代的观念、材料和技术对其进行新的处理；二是要探索和发展传统形式背后所隐含的空间或装饰设计观念；三是要从传统的文化意象和更广阔的传统文化的视野中寻求设计表现的灵感，并融入设计中。

五、绿色设计要注重环境设计要素

"全面绿色"的设计是由多方面设计要素构成的。在现代生活中，人们需要一个与之相适应的舒适安全、优美而无污染的环境，在心理上和生理上达到平和。新的环境心理学研究成果表明，环境的空间、尺度、材料、装饰、色彩、风格、光线、声音等都与人体在心理上和生理上的感受有着密切联系，会给人带来重要的影响。

首先，从环境空间形式给予人的精神感受来看，人的反应、思维、联想及感觉都是与视觉、听觉、触觉等有机联系起来的。空间环境的人体工学也加深了对人的心理、生理与空间环境的研究。如根据视觉和知觉的原理，人们观察一个物体必须通过人的视觉和知觉，往往是先觉察到其整体，然后再分辨其细节。在环境与场所中，先让人察觉到的是空间和色调，所以，"绿色"设计应先注重整体空间的效果，这是设计首先需要考虑的问题。

其次，从环境空间尺度与人的对话来看，我们所处的场所环境，是通过实体在无限自然空间中分割出来的有限空间。因此实体与空间都是环境的基本形式要素，人们选房子的真正目的是获得由实体所围护的空间，实体只不过是手段，内部的生存空间才是真正的目的。人在这个有限的空间内处于运动状态，并在运动中感受和体验空间的存在。从审美角度看，空间有着重要的表现意义，空间的形式和尺度也有着直接的心理效应。置身于不同的尺度之中，人们与环境的交流状态会大相径庭。具体来讲，正常的尺度可以促成视觉上的饱和感；亲切的尺度可以生成舒适的家庭生活特有的放松和非正式的气氛；令人吃惊的尺度可以使观者达到吃惊或兴奋的效果。总之，把握好空间的尺度，通过控制尺度以给予使用者所需要的心理感受，这也是每一个设计师都应该主动去思考和努力奋斗的方面。

最后，从环境色彩影响人的视觉判断来看，人对环境的认知、感觉和反应是与视觉、听觉、触觉有机联系的。空间的大小和轻重感有很大一部分来自环境中实体的色调。环境色彩影响着人们的生理、心理和情感，直接关系到人们的身体健康。色彩能给居室气氛增添风采，引起人的联想从而对人的情绪和心理产生刺激，直接影响工作和休息的效率。但同时，设计者也可以利用人们对色彩作用后的视觉差，来创造各种不同的环境。色彩是光刺激眼睛再传到人脑的视觉中枢而产生的一种感觉。在光线的作用下，某一物体的颜色和周围的颜色可能相互协调或相互排斥，也可能混合反射，这样就会引起视觉中枢的不同反应，这种引起主观感受变化的现象可称为"色彩的物理效果"，它可使人对物体产生感觉上的变化。但是，色彩给人的感觉是十分复杂微妙的，明度低的色彩会令我们觉得比明度高的色彩距离更远。

如果想要创造一个真正的全面的绿色艺术环境，设计者不能单纯将视线放在绿色环保的建材使用上，认为材质减少污染就实现了"全面绿色"。这是当前环境艺术设计的一种主要误区。这虽然比传统的环境艺术设计观念要先进，但这只能是一种形式主义的不全面的"绿色"，真正的"绿色设计"是物的"绿色"和精神的"绿色"的统一。只有切实注意设计中传统文化心理的融合和各种环境设计要素如空间和色彩的营造，实现设计的人性化，才能设计出优秀的作品。设计者应该以充满热情和好奇的心去了解和营造每个不同的艺术空间，让所设计的每一个艺术空间都是独特而优美的。

第三节 地景与环境艺术

地景设施作为城市景观的一部分，其更多地亮相于形形色色的环境艺术舞台，渗透到我们生活的周围。它不仅为人们的各类活动提供便利，同时也给城市景象增加亮色，为提高城市功效发挥着越来越大的作用。伴随着环境艺术的发展，地景设施又会有哪些改变呢？

一、地景设施与环境艺术的互动

地景设施，顾名思义就是地面景观设施，是公共艺术的分支，依附于环境设计，与环境艺术是整体与局部的关系，因此受环境艺术设计思想的制约，同时又具有极强的公共艺术特性。首先从理性上看，环境设计具有总揽全局的作用，公共艺术及地景设施艺术只有在整体的环境设计思想框架内才能发挥自己的个性。尤其是现代设计观念更加体现这种关联意识，强调个体与群体、局部与整体的关系。比如与古典雕塑强调独立的实体概念不同，现代雕塑强调通透性、材料的变化性及与特定环境的连续性。环境的功能及形式不同，雕塑的形、色、质也会随之改变，形成与环境恰当的呼应效果。其次也应看到，由于公共艺术特性的存在，地景设施具有相对的活跃因素及对环境的推动作用，并能够对环境进行有效的美化。

地景设施的作用对象是观众，它强调给人们带来第一感受。一道大门、一尊雕塑、一盏路灯，甚至几块指示牌，这些无声的"迎宾员"各司其职、坚守岗位，默默地接待着每一位客人。它们的"一举一动"都会给来访者留下深刻的印象，这种印象会埋藏在观者的心底，伴随行程，并对整个环境感受产生重要的导向性影响。地景设施具有公共性特征，有很强的大众参与性。置于广场、街道、公园中的地景设施是所有大众共有的，而非少数人享用。人们不仅可观、可坐、可躺、可依、可踏，甚至可以操作，因此地景设施是与大众关系最密切的环境艺术品。它的观赏效果、触觉肌理、冷热感应，直接贴近广大市民，给大众带来喜怒哀乐的知觉感受。由于这种密切的关联特性，使大众不知不觉地淡化对环境的印象，而将这些设施的亲身体验取代对整个环境的观感。

在视觉元素中地景设施一般是作为点的状态出现。我们知道在形态构成原理中，点是积极并且活跃的因素，对人的视线具有极强的吸引作用。建筑前的雕塑、绿化中的休息椅，甚至道路中的井盖，都会形成点与体、点与面、点与线的关系。这些点状设施会主动与人的视线发生关系，甚至在特定角度下使主景与次景发生变异，本来在环境中应居主体地位的建筑成了配景，把视觉主体让位给了建筑前的雕塑等地景设施，这是视觉规律造成的。由于这种主次置换的视觉现象，我们不得不对地景设施对环境所造成的影响给以足够的重视，利用这一现象为优化和改善环境服务。尤其在一些"先天不足"的环境中插入适当的地景设施，使该环境得以"枯木逢春"或"点石成金"，这是地景设施的重要功能。

二、地景设施与环境艺术设计思维

（一）地景设施与建筑环境

在建筑领域，建筑受材料及施工工艺的影响大多成几何形态，尤其是现代建筑追求简约，往往体量很大却整齐划一，缺乏个性。色彩方面，为避免大面积鲜艳颜色对视觉的刺激，往往采用低纯度色。建筑材料以天然材料为主，整体呈现厚重、规整的形象，而地景设施由于很少受材料及工艺的限制，可以随意创造各种形态、色彩及材质的变化，具有很大的可塑性。根据环境的要求，一方面可以与建筑物建立协调关系，同时也可与建筑对比，二者结合对整体环境起到激活作用。比如智利圣地亚哥的一个装置作品，后面的建筑形态是由水平线和垂直线组成的体量较大的实体，给人以强烈的稳定感与厚重感。材料用光滑的玻璃和铝板，因此总体采用"冷"处理手法，带有庄重和规整的严肃气氛。而入口这一地景装置艺术品巧妙地化解了这一感觉，连环的曲线似音乐在律动，悬空的人物点缀与凝重的建筑形体、鲜艳的中黄色与蓝灰色的建筑色彩在两种完全不同意味的空间混合场实现了对话。建筑不再冷酷了，环境变得亲切了，人们不再敬而远之，而是不由自主地参与到整体环境气氛中来。这也是一个构思非常奇特的地景设施作品。埋入地下的建筑构件只露出一个角部，一方面格外醒目，另一方面起到标示的作用，告诉行人这一环境中古迹的存在。在空间布局上，该地景设施与环境主建筑形成很好的呼应关系，对形成这一地域特定的古建筑氛围起到良好的揭示作用。

（二）地景设施与道路环境

道路有很多种，有快速路与人行道之分。快速路设施功能性较强，不必过多设置设施，以避免分散行人或驾驶者的注意力，但在节点部位可考虑艺术性地景设计以适当调节道路景观效果。慢速路及人行道由于行人会驻足观赏及使用而强调艺术特色。尤其在商业步行街，行人速度很慢，除购物，人们会细细地品味步行街上的某些节点设施，如饮水器、井盖，甚至地面局部铺装都会引起行人的注意，其材料、质感、舒适度以及不同季节给行人带来的视觉及触觉感受都会影响商业街的整体风貌，而不应小视。

（三）地景设施与水环境

水是生命之源，人与水有着异常亲密的感情。在国外，水被视为空气及精神的净化剂，在国内，水则被视为财富的象征。因此水体景观是环境设计的重要内容，人们创造了各种可观赏的水环境。而现代景观理念则更趋于亲水，人们在清透的水边乘凉、戏水，借以放松心境，实际是在以水滋心、以水养性，在水环境中得以消遣。而地景设施可以为人们提供最佳的亲水方式。商场内购物环境不同会直接影响顾客的情绪。一家商场摆脱了以往在扶梯两侧布满广告借以推销商品的做法，而是独辟蹊径，在入口扶梯两侧设计成水幕，以此营造商业气氛。人们沿梯而上，伴着水幕的宣泄及水声，在夹道欢迎般的礼节性气氛中进入这样的环境，肯定会触景生情，同时也能激起人们游览商场的兴趣。

（四）地景设施与照明环境

照明一般包括两部分：其一为功能照明，这种照明以使用为第一前提，其亮度应符合使用要求；其二为装饰照明，这种照明将照度作为第二需要，而将照明艺术效果放在首位，强调由照明所创造的不同的环境气氛。装饰照明通过运用不同照明手法体现照明层次的强弱、轻重、聚散、虚实及点、线、面的不同构成关系，形成条理清晰、主次明确的整体效果，从而避免出现混乱局面。同时还要考虑照明设施白天的面貌，以求与整体环境达成和谐的关系。例如，有的设计者将楼间的照明设计成树形的照明，这使楼间的照明很有趣味，白天由实际的树木形成绿化景观，到了夜晚则利用这些发光体象征性地延续白天的树木形态，形成"夜间绿化"环境，这一概念与人们爱护自然的意识相吻合。环境艺术由各要素构成，地景设施是其中之一。地景设施的取向、定位、题材及形式都对环境产生重大影响。只有准确地把握地景设施与环境艺术的协调与能动关系，既服从整体的需要，又发挥地景设施的个性特色，同时考虑不同环境的特定内涵，才能设计出理想的地景设施，达到人文与自然的和谐统一，创造出适合人居住的环境。

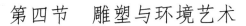

第四节　雕塑与环境艺术

一、雕塑的历史源流

雕塑是城市发展的展示，它代表了一个城市化的象征、经济化的追求，它带给我们的不仅仅是一个三维的空间那么简单，而是在环境中所具备的重要性。园林雕塑是环境中可见的一种艺术形式，而且是蕴含了丰富的社会内容和精神内容的文化形态，它肩负着社会和艺术的双重职责，在开放的公共空间中，成为社会大众沟通和对话的平台。城市雕塑作为中国公共空间中的艺术门类，在以往岁月中承载着记录历史人物、社会发展片段的功能。而在新时期的城市雕塑之中，写实和抽象占据了两个主要类别的阵地。景观艺术是建筑设计、雕塑设计、园林设计与环境设计的综合体，纵观现代雕塑发展的历史，我们发现雕塑艺术不论是观念的变革还是材料的变革，都不断地冲击着景观艺术的发展，然而雕塑始终处于环境中的从属地位，成了景观中的点缀或是空间中的补白。雕塑基本上是一个配角，而不是舞台，是一个观点，而不是整个视野。随着雕塑的内涵与外延的不断发展，雕塑与原来景观设计的对象、空间、材料等方面没有任何区别，结合相关的知识，雕塑完全可以拓展一片新天地，并取得巨大发展。

众所周知，雕塑是环境景观设计的一种手段，古今中外许多著名的景观都是采用雕塑设计的手法，因此雕塑在环境设计中起着特殊而又积极的作用。根据雕塑所引起的不同作用，可划分为纪念性雕塑、主题性雕塑、装饰性雕塑和陈列性雕塑四类，它们都深深地吸引着我们的眼球。纪念性雕塑是以雕塑为主要个体的雕塑，它主要是以雕塑的形式来纪念人和事。它最重要的特点是在景观中处于中心或者是主导的位置，起到控制与统率全部环境的作用。主题性景观都是通过在特定的环境中揭示某些主题、某些因素，主题性雕塑和环境有机结合，可充分发挥雕塑与环境的特殊作用。装饰性雕塑是以装饰性雕塑作为环境主要构成的要素，它所具备的是雕塑外形的美感，还有人对它的视觉感受，不仅如此，要以环境来烘托出作品的美感陈列性。雕塑就是以非常优秀的雕塑作品展示在我们面前，直接地向我们展示一些信息。

二、我国雕塑的价值

不同于其他艺术形式，雕塑的自身价值就在于它的视觉愉悦性、内容深刻性，以及随之而来的体验丰富性和持续性。所谓城市雕塑，它所具备的不管是纪念性还是主题性，不管是装饰性还是标志性，它都必须包涵城市与雕塑这两个性质。艺术语言的精妙之处，在雕塑设计上极其显著。雕塑是一种表现形态，它用不同的办法来诠释它所存在的价值和意义。它代表了一个城市化的象征、经济化与追求，在有了其他以后，再来追求艺术的高峰，那又会有不一样的感觉。美化环境、渲染气氛是雕塑的拿手好戏，作为城市景观之一，雕塑不仅扩展了我们的视野，同时也美化了我们的美好家园，为我们营造了良好的工作生活环境。

三、雕塑的发展及影响

据不完全统计，目前国内至少有上万座城市雕塑。园林景观、人文雕塑、动物雕塑等成为各地大量建设的城市雕塑普遍呈现的造型。雕塑的相关专家认为，作为一种大众公共的文化，城市雕塑文化对我们潜移默化的影响已经远远超出了剧院、博物馆这样的传统艺术欣赏场地，我们每天走在大街上，漫步于公园，接受着城市雕塑的感染。随着人们的发展和城市化的加剧，艺术交流变得非常频繁化，并且出现了交融与撞击这两种现象，这是非常珍贵的。在新时期，社会将会越来越混淆，外来文化不断涌进中国市场，艺术家或者非艺术家们都会浑水摸鱼，当然雕塑就是一个很强烈的例子，在这样一个时代，雕塑的应用将会变得越来越多，有些根本不能很好地保证质量上的技术，使艺术大打折扣。所以应该有很强的洞察力以及有向上的积极心态，才能好好地把握住自己的价值观与世界观。如今，雕塑已经成为众人仰慕的一种文化，那是需要我们用心去策划的。在实践的积累中，景观设计面临的问题也会越来越多，需要我们不断地去追求新的模式来适应这个社会。那么，它到底存在着什么样的问题呢？随着中国经济的高速发展，城市化的进程加快，雕塑家参与公共事务的机会增多，让国外的同行很是羡慕，因为在国外，雕塑家能在公共空间立一件自己的作品不是一件很容易的事情，但是在中国，对于一个稍微有名的雕塑家来说，都不是问题，这是我国雕塑的一大优势。

但是目前许多城市出现了这样一个问题，有许多雕塑制作的机会，却找不到好的方案，也找不到好的创意，无论用什么方法，令人满意的结果少之又少。在当今社会有了较多环境雕塑需求的时候，却没有很好的作品来展示。虽然从整体上来看，中国的当代艺术在社会的发展、观念思想、公共素质以及艺术之都等还存在着许多问题，但是我相信在时代进步的过程中，各个方面都会有不同的进步。生活中每束阳光都可以给人带来温暖，但并不是所有的雕塑都能够让人们在视觉中有更好的进步，所以我们希望能有更好的突破，不断地开拓、创新，创造出辉煌的艺术。城市雕塑是人们在城市现代化建设过程中艺术化的产物，当代的城市雕塑作为公共艺术的组成部分，是在物质环境中满足人类生存与行为方式等基本需要的同时，给环境融入人的理念。城市雕塑是美感和情感的综合性艺术，是城市环境艺术不可或缺的部分。

近年来，随着社会的高速发展，人类生活水平的提高，对雕塑的认识也在不断更新，而雕塑也不断出现在我们的视线里。在中西方文化艺术交流中，出现交融与碰撞的现象，这也便于我们取其精华。雕塑在未来的发展，在于艺术家们怎样去观察生活、体验生活、认识生活和反映生活，不断提高思想水平与对生活的观察力，不断改造自己，从而使雕塑具有更好的发展前景。

第四章　设计材料与环境艺术设计

第一节　环境艺术设计的生态设计材料

生活中常用的环境设计材料主要有黄沙、水泥、黏土砖、木材、人造板材、钢材、瓷砖、合金材料、天然石材和各种人造材料。下面论述的各种材料具有生态性和鲜明的时代特征，同时也反映出环境设计行业的一些特点。

一、常用设计材料的分类

在工业设计范畴内，材料是实现产品造型的前提和保障，是设计的物质基础。一个好的设计者必须在设计构思上针对不同的材料进行综合考虑，倘若不了解设计材料，设计只能是纸上谈兵。随着社会的发展，设计材料的种类越来越多，各种新材料层出不穷。为了更好地了解材料的全貌，可以从以下几个角度来对材料进行分类。

（一）以材料来源为依据的分类

第一类是包括木材、皮毛、石材、棉等在内的第一代天然材料，这些材料在使用时仅对其进行低度加工，而不改变其自然状态。

第二类是包括纸、水泥、金属、陶瓷、玻璃、人造板等在内的第二代加工材料。这些也是天然材料，只不过在使用的时候，会进行不同程度的加工。

第三类是包括塑料、橡胶、纤维等在内的第三代合成材料。这些高分子合成材料是以汽油、天然气、煤等为原材料化合而成的。

第四类是用各种金属和非金属原材料复合而成的第四代复合材料。

第五类是拥有潜在功能的高级形式的复合材料，这些材料具有一定的智能，可以随着环境条件的变化而变化。

（二）以形态为依据的分类

设计选用材料时，为了加工与使用的方便，往往事先将材料制成一定的形态，即材形。不同的材形所表现出来的特性会有所不同，如钢丝、钢板、钢锭的特性就有较大的区别：钢丝的弹性最好，钢板次之，钢锭则几乎没有弹性；而钢锭的承载能力、抗冲击能力极强，钢板次之，钢丝则极其微弱。按材料的外观形态通常将材料抽象地划分为三大类。

1. 线状材料

线状材料即线材，通常具有很好的抗拉性能，在造型中能起到骨架的作用。设计中常用的有钢管、钢丝、铝管、金属棒、塑料管、塑料棒、木条、竹条、藤条等。

2. 板状材料

板状材料即面材，通常具有较好的弹性和柔韧性，利用这一特性，可以将金属面材加工成弹簧钢板产品和冲压产品；面材也具有较好的抗拉能力，但不如线材方便和节省，因而实际中较少应用。各种材质面材之间的性能差异较大，使用时因材而异。为了满足不同功能的需要，面材可以进行复合形成复合板材，从而起到优势互补的效果。设计中所用的板材有金属板、木板、塑料板、合成板、金属网板、皮革、纺织布、玻璃板、纸板等板状材料制作的椅子。

3. 块状材料

块状材料即块材，通常情况下，块材的承载能力和抗冲击能力都很强，与线材、面材相比，块材的弹性和韧性较差，但刚性很好，且大多数块材不易受力变形，稳定性较好。块材的造型特性好，其本身可以进行切削、分割、叠加等加工。设计中常用的块材有木材、石材、泡沫塑料、混凝土、铸钢、铸铁、铸铝、油泥、石膏等。

二、常用的设计材料举例

（一）木材制品

木材由于其独特的性质和天然纹理，应用非常广泛。它不仅是我国具有悠久历史的传统建筑材料（如制作建筑物的木屋架、木梁、木柱、木门、窗等），也是现代建筑主要的装饰装修材料（如木地板、木制人造板、木制线条等）。

木材由于树种及生长环境不同，其构造差别很大，而木材的构造也决定了木材的性质。

1. 木材的叶片与用途分类

（1）木材的叶片分类

按照叶片的不同，主要可以分为针叶树和阔叶树。

针叶树，树叶细长如针，树干通直高大，纹理顺直，表观密度和胀缩变形较小，强度较高，有较多的树脂，耐腐性较强，木质较软而易于加工，又称"软木"，多为常绿树。常见的树种有红松、白松、马尾松、落叶松、杉树、柏木等，主要用于各类建筑构件、制作家具及普通胶合板等。

阔叶树，树叶宽大，树干通直部分较短，表观密度大，胀缩和翘曲变形大，材质较硬，易开裂，难加工，又称"硬木"，多为落叶树。硬木常用于尺寸较小的建筑构件（如楼梯木扶手、木花格等），但由于硬木具有各种天然纹理，装饰性好，因此可以制成各种装饰贴面板和木地板。

（2）木材的用途分类

按加工程度和用途的不同，木材可分为原木、原条和板方材等。原木是指树木被伐倒后，经修枝并截成规定长度的木材。原条是指只经修枝、剥皮，没有加工造材的木材。板方材是指按一定尺寸锯解，加工成型的板材和方材。

2. 木材的特点分析

（1）轻质高强。木材具有较高的顺纹抗拉、抗压和抗弯强度。我国以木材含水率为15%时的实测强度作为木材的强度。木材的表观密度与木材的含水率和孔隙率有关，木材的含水率大，表观密度大；木材的孔隙率小，则表观密度大。

（2）含水率高。当木材细胞壁内的吸附水达到饱和状态，而细胞腔与细胞间隙中无自由水时，木材的含水率称为纤维饱和点。纤维饱和点随树种的不同而不同，通常为25% ～ 35%，平均值约为30%，它是影响木材物理性能发生变化的临界点。

（3）吸湿性强。木材中所含水分会随所处环境温度和湿度的变化而变化，潮湿的木材能在干燥环境中失去水分，同样，干燥的木材也会在潮湿环境中吸收水分，最终木材中的含水率会与周围环境空气相对湿度达到平衡，这时木材的含水率称为平衡含水率．平衡含水率会随温度和湿度的变化而变化，木材使用前必须干燥到平衡含水率。

（4）保温隔热。木材孔隙率可达50%，热导率小，具有较好的保温隔热性能。

（5）耐腐、耐久性好。木材只要长期处在通风干燥的环境中，并给予适当的维护或维修，就不会腐朽损坏，具有较好的耐久性，且不易导电。我国古建筑木结构已有几千年的历史，至今仍完好，但是如果长期处于50℃以上温度的环境，就会导致木材的强度下降。

（6）弹性、韧性好。木材是天然的有机高分子材料，具有良好的抗震、抗冲击能力。

（7）装饰性好。木材天然纹理清晰，颜色各异，具有独特的装饰效果，且加工、制作、安装方便，是理想的室内装饰装修材料。

（8）湿胀干缩。木材的表观密度越大，变形越大，这是由于木材细胞壁内吸附水引起的。顺纹方向胀缩变形最小，径向较大，弦向最大。干燥木材吸湿后，将发生体积膨胀，直到含水率达到纤维饱和点为止，此后，木材含水率继续增大，也不再膨胀。木材的湿胀干缩对木材的使用有很大影响，干缩会使木结构构件产生裂缝或发生翘曲变形，湿胀则造成凸起。

（9）天然疵病。木材易被虫蛀、易燃，在干湿交替中会腐朽，因此，木材的使用范围和作用受到限制。

3. 木材的处理

（1）干燥处理

木材在使用过程中应保持其原有的尺寸和形状，避免发生变形、翘曲和开裂，并防止腐烂、虫蛀，保证正常使用，木材在加工、使用前必须进行干燥处理。

木材的干燥处理方法可根据树种、木材规格、用途和设备条件选择。自然干燥法不需要特殊设备，干燥后木材的质量较好，但干燥时间长，占用场地大，只能干到风干状态。采用人工干燥法，操作时间短，可干至窑干状态，但如干燥不当，会因收缩不匀而引起开裂。需要注意的是，木材的锯解、加工，应在干燥之后进行。

（2）防腐和防虫处理

在建造房屋或进行建筑装饰装修时，不能使木材受潮，应使木构件处于良好的通风环境，不得将木支座节点或其他任何木构件封闭在墙内；木地板下、木护墙及木踢脚板等宜设置通风洞。

木材经防腐处理，使木材变为含毒物质，杜绝菌类、昆虫繁殖。常用的防腐、防虫剂有：水剂、油剂、乳剂和氟化钠沥青膏浆等。处理方法有涂刷法和浸渍法，前者施工简单，后者效果显著。

（3）防火处理

木材是易燃材料，在进行建筑装饰装修时，要对木制品进行防火处理。木材防火处理的通常做法是在木材表面涂饰防火涂料，也可把木材放在防火涂料槽内浸渍。根据胶结性质的不同，防火涂料分油质防火涂料、氯乙烯防火涂料、硅酸盐防火涂料和可赛银防火涂料。前两种防火涂料能抗水，可用于露天结构上；后两种防火涂料抗水性差，可用于不直接受潮湿作用的木构件上。

（二）石材制品

1. 石材的类别划分

（1）大理石

大理石是变质岩，具有致密的隐晶结构，硬度中等，碱性岩石。其结晶主要由云石和方解石组成，成分以碳酸钙为主（约占 50% 以上）。我国云南大理县以盛产大理石而驰名中外。大理石经常用于建筑物的墙面、柱面、栏杆、窗台板、服务台、楼梯踏步、电梯间、门脸等，也常常被用来制作工艺品、壁面和浮雕等。

大理石具有独特的装饰效果。品种有纯色及花斑两大系列，花斑系列为斑驳状纹理，多色泽鲜艳，材质细腻；大理石抗压强度较高，吸水率低，不易变形；硬度中等，耐磨性好；易加工，耐久性好。

（2）花岗岩

花岗岩石材常备用作建筑物室内外饰面材料以及重要的大型建筑物基础踏步、栏杆、堤坝、桥梁、路面、街边石、城市雕塑及铭牌、纪念碑、旱冰场地面等。

花岗岩是指具有装饰效果，可以磨平、抛光的各类火成岩。花岗岩具有全品质结构，材质硬，其结晶主要由石英、云母和长石组成，成分以二氧化硅为主，占 65% ～ 75%。花岗岩的耐火性比较差，而且开采困难，甚至有些花岗岩里还含有危害人体健康的放射性元素。

（3）人造石材

人造石材主要是指人工复合而成的石材，包括水泥型、复合型、烧结型、玻璃型等多种类型。

我国在20世纪70年代末开始从国外引进人造石材样品、技术资料及成套设备，80年代进入生产发展时期。目前我国人造石材有些产品质量已达到国际同类产品的水平，并广泛应用于宾馆、住宅的装饰装修工程中。

人造石材不但具有材质轻、强度高、耐污染、耐腐蚀、无色差、施工方便等优点，且因工业化生产制作，板材整体性极强，可免去翻口、磨边、开洞等再加工程序。一般适用于客厅、书房、走廊的墙面、门套或柱面装饰，还可用作工作台面及各种卫生洁具，也可加工成浮雕、工艺品、美术装潢品和陈设品等。

2. 石材的特点分析

（1）表观密度。天然石材的表观密度由其矿物质组成及致密程度决定。致密的石材，如花岗岩、大理石等，其表观密度接近其实际密度，为2500～3100kg/m³；而空隙率大的火山灰凝灰岩、浮石等，其表观密度为500～1700kg/m³。

天然岩石按表观密度的大小可分为重石和轻石两大类。表观密度大于或等于1800kg/m³的为重石，主要用于建筑的基础、贴面、地面、房屋外墙、桥梁；表观密度小于1800kg/m³的为轻石，主要用作墙体材料，如采暖房屋外墙等。

（2）吸水性。石材的吸水性与空隙率及空隙特征有关。花岗岩的吸水率通常小于0.5%，致密的石灰岩的吸水率可小于1%，而多孔的贝壳石灰岩的吸水率可高达15%。一般来说，石材的耐水性和强度很大程度上取决于石材的吸水性，这是由于石材吸水后，颗粒之间的黏结力会发生改变，岩石的结构也会因此产生变化。

（3）抗冻性。石材的抗冻性是指其抵抗冻融破坏的能力。石材的抗冻性与其吸水性密切相关，吸水率大的石材的抗冻性就比较差。吸水率小于0.5%的石材，则认为是抗冻性石材。

（4）抗压强度。石材的抗压强度以三个边长为70mm的立方体石块的抗压破坏强度的平均值表示。根据抗压强度值的大小，石材共分为九个强度等级：MU100、MU80、MU60、MU50、MU40、MU30、MU20、MU15和MU10。天然石材抗压强度的大小取决于岩石的矿物成分组成、结构与构造特性、胶结物质的种类及均匀性等因素。此外，荷载的方式对抗压强度的测定也有影响。

3. 石材的选择及其在环境艺术设计中的应用

（1）观察表面

受地理、环境、气候、朝向等自然条件的影响，石材的构造也不同，有些石材具有结构均匀、细腻的质感，有些石材则颗粒较粗，不同产地、不同品种的石材具有不同的质感效果，必须正确地选择适用的石材品种。

（2）鉴别声音

听石材的敲击声音是鉴别石材质量的方法之一。好的石材其敲击声清脆悦耳，若石材内部存在轻微裂隙或因风化导致颗粒间接触变松，则敲击声粗哑。

（3）注意规格尺寸

石材规格必须符合设计要求，铺贴前应认真复核石材的规格尺寸是否准确，以免造成铺贴后的图案、花纹、线条变形，影响装饰效果。

（三）塑料制品

1. 塑料制品的类别划分

（1）塑料地板

塑料地板主要有以下特性：轻质、耐磨、防滑、可自熄；回弹性好，柔软度适中，脚感舒适，耐水，易于清洁；规格多，造价低，施工方便；花色品种多，装饰性能好；可以通过彩色照相制版印刷出各种色彩丰富的图案。

（2）塑料门窗

相对于其他材质的门窗来讲，塑料门窗的绝热保温性能、气密性、水密性、隔声性、防腐性、绝缘性等更好，外观也更加美观。

（3）塑料壁纸

塑料壁纸是以一定材料为基材，表面进行涂塑后，再经过印花、压花或发泡处理等多种工艺而制成的一种饰面装饰材料。常见的有非发泡塑料壁纸、发泡塑料壁纸、特种塑料壁纸（如耐水塑料壁纸、防霉塑料壁纸、防火塑料壁纸、防结露塑料壁纸、芳香塑料壁纸、彩砂塑料壁纸、屏蔽塑料壁纸）等。

塑料壁纸质量等级可分为优等品、一等品、合格品三个品种，且都必须符合国家关于《室内装饰装修材料壁纸中有害物质限量》强制性标准所规定的有关条款。塑料壁纸具有以下特点。

①装饰效果好。由于壁纸表面可进行印花、压花及发泡处理，能仿天然行材、木纹及锦缎，达到以假乱真的地步，并通过精心设计，印刷适合各种环境的花纹图案，几乎不受限制，色彩也可任意调配，做到自然流畅，清淡高雅。

②性能优越。根据需要可加工成难燃、隔热、吸声、防霉，且不易结露，不怕水洗，不易受机械损伤的产品。

③适合大规模生产。塑料的加工性能良好，可进行工业化连续生产。

④黏贴方便。纸基的塑料壁纸，用普通胶或白乳胶即可粘贴，且透气好，可在尚未完全干燥的墙面粘贴，而不致造成起鼓、剥落。

⑤使用寿命长，易维修保养。表面可清洗，对酸碱有较强的抵抗能力。

2. 塑料的特点分析

（1）质量较轻。塑料的密度在 $0.9g/cm^3 \sim 2.2g/cm^3$ 之间，平均约为钢的 $1/5$、铝的 $1/2$、混凝土的 $1/3$，与木材接近。因此，将塑料用于建筑工程，不仅可以减轻施工强度，而且可以降低建筑物的自重。

（2）导热性低。密实塑料的热导率一般约为金属的 $1/500 \sim 1/600$。泡沫塑料的热导率约为金属材料的 $1/1500$、混凝土的 $1/40$、砖的 $1/20$，是理想的绝热材料。

（3）比强度高。塑料及其制品轻质高强，其强度与表观密度之比（比强度）远远超过混凝土，接近甚至超过了钢材，是一种优良的轻质高强材料。

（4）稳定性好。塑料对一般的酸、碱、盐、油脂及蒸汽的作用有较高的化学稳定性。

（5）绝缘性好。塑料是良好的电绝缘体，可与橡胶、陶瓷媲美。

（6）经济性好。建筑塑料制品的价格一般较高，如塑料门窗的价格与铝合金门窗的价格相当，但由于它的节能效果高于铝合金门窗，所以无论从使用效果，还是从经济方面比较，塑料门窗均好于铝合金门窗。建筑塑料制品在安装和使用过程中，施工和维修保养费用也较低。

（7）装饰性优越。塑料表面能着色，可制成色彩鲜艳、线条清晰、光泽明亮的图案，不仅能取得大理石、花岗岩和木材表面的装饰效果，而且可通过电镀、热压、烫金等制成各种图案和花纹，使其表面具有立体感和金属的质感。

（8）多功能性。塑料的品种多，功能各异。某些塑料的性能通过改变配方后，其性能会发生变化，即使同一制品也可具有多种功能。塑料地板不仅具有较好的装饰性，而且有一定的弹性、耐污性和隔声性。

除以上优点外，塑料还具有加工性能好，有利于建筑工业化等优良特点。但塑料自身尚存在一些缺陷，如易燃、易老化、耐热性较差、弹性模量低、刚度差等弱点。

（四）陶瓷制品

1. 陶瓷砖的类别划分

（1）釉面砖

釉面砖又名"釉面内墙砖""瓷砖""瓷片釉面陶土砖"。釉面砖是以难熔黏土为主要原料，再加入非可塑性掺料和助熔剂，共同研磨成浆，经榨泥、烘干成为含有一定水分的坯料，并通过机器压制成薄片，然后经过烘干素烧、施釉等工序制成。釉面砖是精陶制品，吸水率较高，通常大于10%（不大于21%）的属于陶质砖。

釉面砖正面施有釉，背面呈凹凸状，釉面有白色、彩色、花色、结晶、珠光、斑纹等品种。

（2）墙地砖

墙地砖以优质陶土为原料，再加入其他材料配成主料，经半干并通过机器压制成型后于1100℃左右焙烧而成。墙地砖通常指建筑物外墙贴面用砖和室内、室外地面用砖，由于这类砖通常可以墙地两用，故称为"墙地砖"。墙地砖吸水率较低，均不超过10%。墙地砖背面呈凹凸状，以增加其与水泥砂浆的黏结力。

墙地砖的表面经配料和工艺设计可制成平面、毛面、磨光面、抛光面、花纹面、仿石面、压花浮雕面、无光釉面、金属光泽面、防滑面、耐磨面等品种。

2. 陶瓷材料的特点分析

陶瓷材料力学性能稳定，耐高温、耐腐蚀；性脆，塑性差；热性能好，熔点高、高温强度好，是较好的绝热材料，热稳定性较低；化学性能稳定，耐酸碱侵蚀，在环境中耐大气腐蚀的能力很强；导电性变化范围大，大部分陶瓷可作绝缘材料；表面平整光滑，光泽度高。

（五）玻璃制品

1. 玻璃制品的类别

（1）平板玻璃

普通平板玻璃具有良好的透光透视性能，透光率达到85%左右，紫外线透光率较低，隔声，略具保温性能，有一定机械强度，为脆性材料。主要用于房屋建筑工程，部分经加工处理制成钢化、夹层、镀膜、中空等玻璃，少量用于工艺玻璃。一般建筑采光用3～5mm厚的普通平板玻璃；玻璃幕墙、栏板、采光屋面、商店橱窗或柜台等采用5～6mm厚的钢化玻璃；公共建筑的大门则用12mm厚的钢化玻璃。

玻璃属易碎品，故通常用木箱或集装箱包装。平板玻璃在贮存、装卸和运输时，必须盖朝上、垂直立放，并需注意防潮、防水。

（2）磨砂玻璃

磨砂玻璃又称镜面玻璃，采用平板玻璃抛光而得，分为单面磨光和双面磨光两种。磨光玻璃表面平整光滑，有光泽，透光率达84%，物像透过玻璃不变形。磨光玻璃主要用于安装大型门窗、制作镜子等。

（3）钢化玻璃

将玻璃加热到一定温度后，迅速将其冷却，便形成了高强度的钢化玻璃。钢化玻璃一般具有两个特点：①机械强度高，具有较好的抗冲击性，安全性能好，当玻璃破碎时，碎裂成圆钝的小碎块，不易伤人；②热稳定性好，具有抗弯及耐急冷急热的性能，其最大安全工作温度可达到287.78℃。需要注意的是，钢化玻璃处理后不能切割、钻孔、磨削，边角不能碰击扳压，选用时需按实际规格尺寸或设计要求进行机械加工定制。

（4）夹丝玻璃

夹丝玻璃是一种将预先纺织好的钢丝网，压入经软化后的红热玻璃中制成的玻璃。夹丝玻璃的特点是安全、抗折强度高，热稳定性好。夹丝玻璃可用于各类建筑的阳台、走廊、防火门、楼梯间、采光屋面等。

（5）中空玻璃

中空玻璃按原片性能分为普通中空、吸热中空、钢化中空、夹层中空、热反射中空玻璃等。中空玻璃是由两片或多片平板玻璃沿周边隔开，并用高强度胶粘剂密封条粘接密封而成，玻璃之间充有干燥空气或惰性气体。

中空玻璃可以制成各种不同颜色或镀以不同性能的薄膜，整体拼装构件是在工厂完成的，有时在框底也可以放上钢化、压花、吸热、热反射玻璃等，颜色有无色、茶色、蓝色、灰色、紫色、金色、银色等。中空玻璃的玻璃与玻璃之间留有一定的空隙，因此具有良好的保温、隔热、隔声等性能。

（6）变色玻璃

变色玻璃有光致变色玻璃和电致变色玻璃两大类。变色玻璃能自动控制进入室内的太阳辐射能，从而降低能耗，改善室内的自然采光条件，具有防窥视、防眩光的作用。变色玻璃可用于建筑门、窗、隔断和智能化建筑。

2. 玻璃的特点分析

机械强度。玻璃和陶瓷都是脆性材料。衡量制品坚固耐用的重要指标是抗张强度和抗压强度。玻璃的抗张强度较低，一般在 39～118MPa，这是由玻璃的脆性和表面微裂纹所决定的。玻璃的抗压强度平均为 589～1570MPa，约为抗张强度的 1～5 倍，导致玻璃制品经受不住张力作用而破裂。但是，这一特性在很多设计中也能得到积极地利用。

硬度。硬度是指抵抗其他物体刻画或压入其表面的能力。玻璃的硬度仅次于金刚石、碳化硅等材料，比一般金属要硬，用普通刀、锯不能切割。玻璃硬度同某些冷加工工序如切割、研磨、雕刻、刻花、抛光等有密切关系。因此，设计时应根据玻璃的硬度来选择磨轮、磨料及加工方法。

光学性质。玻璃是一种高度透明的物质，光线透过越多，被吸收越少，玻璃的质量则越好。玻璃具有较大的折光性，能制成光辉夺目的优质玻璃器皿及艺术品。玻璃还具有吸收和透过紫外线、红外线，感光、变色、防辐射等一系列重要的光学性质和光学常数。

电学性质。玻璃在常温下是电的不良导体，在电子工业中作绝缘材料使用，如照明灯泡、电子管、气体放电管等。不过，随着温度上升，玻璃的导电率会迅速提高，在熔融状态下成为良导体。因此导电玻璃可用于光显示，如数字钟表及计算机的材料等。

导热性质。玻璃的导热性只有钢的 1/400，一般经受不住温度的急剧变化。同时，玻璃制品越厚，承受的急变温差就越小。玻璃的热稳定性与玻璃的热膨胀系数有关。例如，石英玻璃的热膨胀系数很小，将赤热的石英玻璃投入冷水中不会发生破裂。

化学稳定性。玻璃的化学性质稳定，除氢氟酸和热磷酸外，其他任何浓度的酸都不能侵蚀玻璃。但玻璃与碱性物质长时间接触容易受腐蚀，因此玻璃长期在大气和雨水的侵蚀下，表面光泽会消失、晦暗。此外，光学玻璃仪器受周围介质作用表面也会出现雾膜或白斑。

（六）水泥

1. 水泥类别

水泥是一种粉末状物质，它与适量水拌和成塑性浆体后，经过一系列物理化学作用能变成坚硬的水泥石，水泥浆体不但能在空气中硬化，还能在水中硬化，故属于水硬性胶凝材料。水泥、砂子、石子加水胶结成整体，就成为坚硬的人造石材（混凝土），再加入钢筋，就成为钢筋混凝土。

水泥的品种很多，按水泥熟料矿物一般可分为硅酸盐类、铝酸盐类和硫铝酸盐类。在建筑工程中应用最广的是硅酸盐类水泥，常用的水泥品种有硅酸盐水泥、普通硅酸盐水泥、矿渣硅酸盐水泥、火山灰质硅酸盐水泥和粉煤灰硅酸盐水泥等。此外，还有一些具有特殊性能的特种水泥，如快硬硅酸盐水泥、白色硅酸盐水泥与彩色硅酸盐水泥、铝酸盐水泥、膨胀水泥、特快硬水泥等。

建筑装饰装修工程主要用的水泥品种是硅酸盐水泥、普通硅酸盐水泥、白色硅酸盐水泥。

2. 水泥的选择及其在环境艺术设计中的应用

水泥作为饰面材料还需与砂子、石灰（另掺一定比例的水）等按配合比经混合拌和组成水泥砂浆或水泥混合砂浆（总称抹面砂浆），抹面砂浆包括一般抹灰和装饰抹灰。

（七）金属制品

1. 金属制品类别

在设计中，常用的金属材料有钢、金、银、铜、铝、锌、钛及其合金与非金属材料组成的复合材料（包括铝塑板、彩钢夹芯板等）。金属材料可加工成板材、线材、管材、型材等多种类型以满足各种使用功能的需要。此外，金属材料还可以用作雕塑等环境装饰。

2. 金属材料的特点分析

金属材料不仅可以保证产品的使用功能，还可以赋予产品和环境一定的美学价值，使产品或环境呈现出现代风格的结构美、造型美和质地美。金属材料有以下几个特点：

（1）表面均有一种特有的色彩，反射能力良好，具有不透明性和金属光泽，呈现出坚硬、富丽的质感效果。

（2）具有较高的熔点、强度、刚度和韧性。

（3）具有良好的塑性成型性、铸造性、切削加工及焊接等性能，因此加工性能好。

（4）表面工艺比较好，在金属的表面即可进行各种装饰工艺，获得理想的质感。

（5）具有良好的导电性和导热性。

（6）化学性能比较活泼，因而易于氧化生锈，易被腐蚀。

（八）石膏

石膏是一种白色粉末状的气硬性无机胶凝材料，具有孔隙率大（轻）、保温隔热、吸声防火、容易加工、装饰性好的特点，所以在室内装饰装修工程中广泛使用。常用的石膏装饰材料有石膏板、石膏浮雕和矿棉板三种。

1. 石膏板

石膏板的主要原料为建筑石膏，具有质轻、绝热、不燃、防火、防震、应用方便、调节室内湿度等特点。为了增强石膏板的抗弯强度，减小脆性，往往在制作时掺加轻质填充料，如锯末、膨胀珍珠岩、膨胀蛭石、陶粒等。在石膏中掺加适量水泥、粉煤灰、粒化高炉矿渣粉，或在石膏板表面粘贴板、塑料壁纸、铝箔等，能提高石膏板的耐水性。若用聚乙烯树脂包覆石膏板，不仅能用于室内，也能用于室外。调节石膏板厚度、孔眼大小、孔距等，能制成吸声性能良好的石膏吸声板。

以轻钢龙骨为骨架、石膏板为饰面材料的轻钢龙骨石膏板构造体系，是目前我国建筑室内轻质隔墙和吊顶制作的最常用做法。其特点是自重轻，占地面积小，增加了房间的有效使用面积，施工作业不受气候条件影响，安装简便。

2. 石膏浮雕

以石膏为基料加入玻璃纤维可加工成各种平板、小方板、墙身板、饰线、灯圈、浮雕、花角、圆柱、方柱等，用于室内装饰。其特点是能锯、钉、刨、可修补、防火、防潮、安装方便。

3. 矿棉板

矿物棉、玻璃棉是新型的室内装饰材料，具有轻质、吸声、防火、保温、隔热、美观大方、可钉可锯、施工简便等特点。其装配化程度高，完全是干作业。常用于高级宾馆、办公室、公共场所的顶棚装饰。

矿棉装饰吸声板是以矿渣棉为主要材料，加入适量的黏结剂、防腐剂、防潮剂，经过配料、加压成形、烘干、切割、表面精加工和喷涂而制成的一种顶棚装饰材料。

矿物棉装饰吸声板表面有各种色彩，花纹图案繁多，有的表面加工成树皮纹理，有的加工成小浮雕或满天星图案，具有各种装饰效果。

第二节　设计材料与环境艺术设计思维

一、环境艺术设计思维方法类型

（一）逻辑思维方法

逻辑思维也称抽象思维，是认识活动中一种运用概念、判断、推理等思维形式来对客观现实进行的概括性反映。通常所说的思维、思维能力，主要是指这种思维，这是人类所特有的最普遍的一种思维类型。逻辑思维的基本形式是概念、判断与推理。

艺术设计、环境艺术设计是艺术与科学的统一和结合，因此，必然要依靠抽象思维进行工作，它也是设计中最为基本和普遍运用的一种思维方式。

（二）形象思维方法

形象思维具有形象性、想象性、非逻辑性、运动性、粗略性等特征。形象性说明该思维所反映的对象是事物的形象，想象性是思维主体运用已有的形象变化为新形象的过程，非逻辑性就是思维加工过程中掺杂个人情感成分较多。在许多情况下，设计需要对设计对象的特质或属性进行分析、综合、比较，而提取其一般特性或本质属性，可以说，设计活动也是一种想象的抽象思维。设计师会从一种或几种形象中提炼、汲取它们的一般特性或本质属性，再将其注入设计作品中去。

环境艺术设计是以环境的空间形态、色彩等为目的，综合考虑功能和平衡技术等方面因素的创造性计划工作，属于艺术的范畴和领域，所以，环境艺术设计中的形象思维也是至关重要的思维方式。

（三）灵感思维方法

"灵感"源于设计者知识和经验的积累，是显意识和潜意识通融交互的结晶。灵感的出现需要具备以下几个条件：

（1）对一个问题进行长时间的思考；

（2）能对各种想法、记忆、思路进行重新整合；

（3）保持高度的专注；

（4）精神处于高度兴奋状态。

环境艺术设计创造中灵感思维常带有创造性，能突破常规，带来新的从未有过的思路和想法，与创造性思维有着相当紧密的联系。

（四）创造性思维方法

创造性思维是指打破常规、具有开拓性的思维形式，创造性包括审美判断和科学判断等。

思维是对各种思维形式的综合和运用，创造性思维的目的是对某一个问题或在某一个领域内提出新的方法、建立新的理论，或艺术中呈现新的形式等。这种"新"是对以往的思维和认识的突破，是本质的变革。创造性思维是在各种思维的基础上，将各方面的知识、信息、材料加以整理、分析，并且从不同的思维角度、方位、层次上去思考，提出问题，对各种事物的本质的异同、联系等方面展开丰富的想象，最终产生一个全新的结果。创造性思维有三个基本要素：发散性、收敛性和创造性。

（五）模糊思维方法

模糊思维是指运用不确定的模糊概念，实行模糊识别及模糊控制，从而形成有价值的思维结果。模糊理论是从数学领域中发展而来的，世界的一些事物之间很难有一个确定的分界线，譬如脊椎动物与非脊椎动物、生物与非生物之间就找不到一个确切的界线。客观事物是普遍联系、相互渗透的，并且是不断变化与运动的。一个事物与另一事物之间虽有质的差异，但在一定条件下却可以相互转化，事物之间只有相对稳定而无绝对固定的边界。一切事物既有明晰性，又有模糊性；既有确定性，又有不定性。模糊理论对于环境艺术设计具有很实际的指导意义。环境的信息表达常常具有不确定性，这并不是设计师表达不清，而是一种艺术的手法。含蓄、使人联想、回味都需要一定的模糊手法，产生"非此非彼"的效果。同一个艺术对象，对不同的人会产生不同的理解和认识，这就是艺术的特点。如果能充分理解和掌握这种模糊性的本质和规律，将有助于环境艺术的创造。

二、环境艺术设计思维方法应用

环境艺术设计的思维不是单一的方式，而是多种思维方式的整合。环境艺术设计的多学科交叉特征必然反映在设计的思维关系上。设计的思维除了符合思维的一般规律外，还具有其自身的一些特殊性，在设计的实践中会自然表现出来。以下结合设计来探讨一些环境艺术设计思维的特征和实践应用的问题。

（一）形象性和逻辑性有机整合

环境艺术设计以环境的形态创造为目的，如果没有形象，就等于没有设计。思维有一定的制约性或不自由性。形象的自由创造必须建立在环境的内在结构的合规律性和功能的合理性的基础上。因此，科学思维的逻辑性以概念、归纳、推理等对形象思维进行规范。所以，在环境艺术的设计中，形象思维和抽象思维是相辅相成的，是有机地整合，是理性和感性的统一。

（二）形象思维存在于设计，并相对地独立

环境的形态设计，包括造型、色彩、光照等都离不开形象，这些是抽象的逻辑思维方式无法完成的。设计师从开始对设计进行准备到最后设计完成的整个过程就是围绕着形象进行思考，即使在运用逻辑思维的方式解决技术与结构等问题的同时，也是结合某种形象进行的，不是纯粹的抽象方式。譬如在考虑设计室外座椅的结构和材料以及人在使用时的各种关系和技术问题的时候，也不会脱离对座椅的造型及与整体环境的关系等视觉形态的观照。环境艺术设计无论

在整体设计上，还是在局部的细节考虑上，从设计的开始一直到结束，形象思维始终占据着思维的重要位置。这是设计思维的重要特征。

（三）抽象的功能等目标最终转换成可视形象

任何设计都有目标，并带有一些相关的要求和需要解决的问题，环境艺术设计也不例外，每个项目都有确定的目标和功能。设计师在设计的过程中，也会对自己提出一系列问题和要求，这时的问题和要求往往只是概念性质，而不是具体的形象。设计师着手了解情况、分析资料、初步设定方向和目标，提出空间整体要简洁大方、高雅、体现现代风格等具体的设计目标，这些都还处于抽象概念的阶段。只有设计师在充分理解和掌握抽象概念的基础上思考用何种空间造型、何种色彩、如何相互配置时，才紧紧地依靠形象思维的方式，最终以形象来表现对抽象概念的理解。所以，从某种意义上说，设计过程就是一个将抽象的要求转换成一个视觉形象的过程。无论是抽象认识还是形象思考的能力，对于设计都具有极其重要的作用和意义。理解抽象思维和形象思维的关系是非常重要的。

（四）创造性是环境艺术设计的本质

设计的本质就在于创造，设计就是提出问题且创造性地解决问题的过程，所以创造性思维在整个设计过程中总是处于活跃的状态。创造性思维是多种思维方式的综合运用，它的基本特征就是要有独特性、多向性和跨越性。创造性思维所采用的方法和获得的结果必定是独特的、新颖的。逻辑思维的直线性方式往往难以突破障碍，创造性思维的多方向和跨越特点却可以绕过或跳过一些问题的障碍，从各个方向、各个角度向目标集中。

（五）思维过程：整体—局部—整体

环境艺术设计是一门造型艺术，具有造型艺术的共同特点和规律。环境艺术设计首先是有一个整体的思考或规划，在此基础上再对各个部分或细节加以思考和处理，最后还要回到整体的统一上。

最初的整体实质上是处在模糊思维下的朦胧状态，因为这时的形象只是一个大体的印象，缺少细节，或者说是局部与细节的不确定。在一个最初的环境设想中，空间是一个大概的形象，树木、绿地、设施等的造型等都不可能是非常具体的形象，多半是带有知觉意味的"意象"，这个阶段的思考更着重于整体的结构组织和布局，以及整体形象给人的视觉反映等方面。在此阶段中，模糊思维和创造性思维是比较活跃的。随着局部的深入和对细节的刻画，下一阶段应该是非常严谨的抽象思维和形象思维在共同作用，这个阶段要解决的会有许多极为具体的技术、结构以及与此相关的造型形象问题。

设计最终还要回到整体上来，但是这时的整体形象与最初的朦胧形象有了本质的区别，这一阶段的思维是要求在理性认识的基础上的感性处理，感性对于艺术是至关重要的，而且经过理性深化了的感性形象具有更为深层的内涵和意蕴。从某种意义上也可以认为，设计的最初阶段是想象的和创造性的思维，而下一阶段则是科学的逻辑思维和受制约的形象思维的结合。有一点要重申的是，设计工作的整个过程，尽管有整体和局部思考的不同阶段，但是都必须在整体形象的基础和前提下进行，任何时候都不能离开整体，这也是造型艺术创造的基本规律。

第五章　室内环境艺术创意设计与应用

第一节　室内环境艺术设计思维创新

一、室内环境艺术设计的思维模式

　　室内设计教育思维基础，主要针对学生直观形象思维和抽象逻辑思维的启发和训练，以及人文社会学的研究和思考。在复杂的室内设计中，多种学科知识交集中，不应以单一的形象思维训练作为主体。虽然它在直观反映设计的结果上具有重要作用，但离开了抽象逻辑的合理性构想，其结果将使设计成果"纸上谈兵、镜花水月"。

　　在室内设计思维模式中，我们对设计者进行室内设计的教学思路一般都经过"设计理论—概念设计—模拟项目设计—实践项目设计"的过程。从开始的设计理论阶段要求的直观形象思维和抽象逻辑思维的融合，过渡到激发想象力和表现力的概念设计，然后是考虑设计方案合理化和设计具体实施训练的模拟项目设计，直至最终考验设计综合能力，面向就业的实践项目设计。在设计传授课程中，教师也是在执行室内设计行业知识和实践经验的传授过程。在这一过程中，需要逐渐完善理论和实践的联系，这就要求：以直观的仿真缩小比例的空间模型辅助教学，帮助学生理解空间的概念、空间的形态结构、空间的功能划分、空间的尺度关系等。一方面有利于将平面化的纸上思维转化为立体空间思维，另一方面也借助模型的结构理解外部建筑形态与内部空间的关系，同时对室内设计模型制作的课程也加强了设计者对室内结构和室内家具陈设等的尺度和材料理解。除了利用模型辅助教学强化设计者对空间知识的了解，还需要同建筑考察和室内设计实例考察相联系。室内设计行业的实践特性要求我们必须紧紧跟随社会装修装饰流行资讯、行业前沿科技发展、经典和著名的室内设计作品，这些内容单靠课程教学是很难了解的。而定期的校外行业调研和项目考察参观是学生了解实践知识和行业先进经验的重要手段，如考察一些有特点的建筑群体或旅游区有特色的建筑。

　　建立完备的装饰材料与施工工艺，照明设计，计算机辅助设计等实训实验室。我们所从事的室内设计行业在设计作品的制作施工中设计师是无法进行直接控制的，如果想要得到设计所预计的效果，作为设计主体的设计师必须和施工制作人员进行协调和沟通。将图纸化的设计转化为实体的过程，如果没有对装饰材料和施工工艺的充分理解将无法进行。建立固定的装饰材料样品陈列室和装饰施工工艺演示室，必要时还要聘请资深室内施工人员进行现场操作演示室内工程施工过程，这样能够提供给学生最直观的施工实践经验和对装饰设计效果的了解。目前的环境艺术设计专业中，一直没能把照明灯光设计作为景观或室内设计的重要组成部分，这不得不说是一个失误。照明设计对于室内环境的装饰和日常应用作用非常重要，理应取得和室内造型设计同等甚至更高的重视。在室内设计教育中，注重照明设计实训室的应用也就取得了设计市场上未得到充分开发的"处女地"——灯光设计领域的开发。此外，模型制作实训室、家具制作实训室等也能在室内设计教育中发挥重大的作用。

环境艺术设计专业下有景观设计和室内设计两个方向，而室内设计如果再次细分则有居住空间、商业空间、办公空间三个不同的就业方向，在室内设计教学中应进行分类培养。虽然我们艺术设计学科的知识范围要求宽泛和"跨界"，但无疑具有专项空间设计能力和经验的设计师在就业方面更具有优势。也就是知识联系性要"广"，而技能独特性要"专"，两者并不矛盾而是相辅相成的。不同的空间类型需要不同的设计思考侧重点，也有不同的空间功能、形式审美方面的要求。

二、解决室内环境设计创造性问题的方法

面对实现可持续发展的种种困难，虽然不同国家表现出不同的特点，但终究包括两个方面，一方面是实施可持续战略的物质技术基础，另一方面是可持续发展的思想意识。

思想意识对于新事物的完全适应需要外界矛盾的激化达到人们必须改变原有思维的程度，人们才会调整自己的想法与面临的环境相适应。换句话说，人们思想意识的调整需要外界刺激达到一定程度。也只有到了思想意识与物质技术同步的时候，物质技术的出现才能真正发挥其作用。从我国面对可持续发展表现出来的特点可以看出，我国面对可持续发展所体现出来的物质技术和思想意识并不是同步的，在物质技术方面已经达到实施可持续发展战略的水平，但可持续发展的思想意识还没有受到普遍重视，人民群众的可持续发展意识还很薄弱。

任何一种行动都是由其思想支配的。设计的理念和对于现有物质技术的使用在很大程度上并不是完全同步的，尤其是涉及社会群体中的大部分或核心部分的时候，往往物质技术和思想意识呈现出不同步性。而物质技术的进步，一般来说，首先是由个体或小团体推进，当这种发展了的技术符合当时大部分群体或核心群体的意识水平时，两者就可以达成同步；当两者存在差异的时候，两者就不能同步。所以，要想走出社会生态、人文生态危机引发自燃生态危机的困局，首先就要树立社会生态、人文生态与自然生态共生互融的观念，树立经济的发展、社会的发展与人文生态和自然生态共同发展、协调发展的观念，换句话说，实现室内设计可持续发展，首要任务是要提升人们可持续发展的思想意识，构建可持续的生活幸福观念。

三、室内环境设计中的意境

凡优秀的室内设计无不是在追求着一种精神上的韵致，即"意境"的创造。"意境"是室内设计的灵魂与精华所在，它是室内设计高层次的表现。那么，何为"意境"呢？"意境"本是中国传统艺术所追求的境界，是情与景的交融、意与象的统一。

人对环境所感知的东西不仅仅是实在的空间界面，而且能感知到超出这些实体以外的某种气氛、意境和风格，产生情感上的共鸣，从而得到美的享受与启迪。室内环境是由诸多元素构成的，如空间形态、环境色彩、质地、光线、室内陈设绿化等。这些构成元素综合成一种无声

的语言环境，表达出特有的意境和情调，使人们在这个环境中产生联想，从而得到精神上的享受。色彩给人的感受是强烈的，不同的色彩以及不同的色彩组合，都会给人以不同的感受。在进行室内环境设计时，必须考虑到室内色彩的空间效果以及色彩的感情效果。色彩具有各种表情，有引起人们各种感情的作用，因此我们在设计时应巧妙地利用它的感情效果。色彩具有冷暖感觉。有的色彩使人产生温暖的感觉，如红色，使人联想到火焰，橙色、黄色使人联想到太阳；有的色彩会使人产生冷的凉爽的感觉，如蓝色、绿色、紫色系，在冷饮厅内多用这些色彩。环境情绪过程，即人对环境在情感上的反映及对环境所持的态度。如喜欢、厌恶、愤怒、恐惧、紧张等。环境意志过程——客观存在。人对环境不仅感受、认识，还要意志于环境，对环境加以改造的过程。由上可知，人对环境所感知的东西不仅仅是实在的空间界面，而且能感知到超出这些实体以外的某种气氛、意境和风格，产生情感上的共鸣，从而得到美的享受与启迪。

光线对于烘托室内环境气氛、创造"意境"有着很大的作用。室内设计中对光的运用包括对自然光的运用和对人工照明的运用。室内环境对自然光的运用主要通过两个方面：一方面是通过对透明玻璃顶的运用，使自然光通过透明的玻璃顶射入室内；另一方面是通过现代科技手段对自然光进行控制与调整，通过对采光口的处理来调整室内自然光照度的分布。室内环境对人工照明的运用是多方面的。从照明的目的上来讲，可分为实用性照明和装饰性照明。

从室内光环境的表现形态上来分，可分为"点"式表现形态、"面"式表现形态与"线"式表现形态。从数学意义上讲，点是"只有位置而无大小的"，但从形态学上讲，较小的形也被称为点，它可起到在空间环境中标明位置或使人视线形成集中注视的作用。在室内环境中，如至于墙顶棚上的乳白灯泡、灯光源、聚光灯在界面形成的光斑等，只要相对于它所处的空间来说足够小，以位置为主要特征的光形，都可视为光的"点"。线在数学上讲是"点移动的轨迹"；在形态学上讲，线的种类很多，有曲有直。有些线在视觉上直观的，有些线的形成则是由抽象思维所产生的结果。在室内光环境中，线的视感来自光源本身的造型因素，光的移动轨迹或阴影。前者的形成在人的视觉上是很直观的；后者的形成则是依靠抽象思维才能够产生的，他赋予人想象的空间，使室内光环境优雅含蓄，富有生命力。如在室内光环境设计中常在建筑的轴线上采用光带以起到视觉导向的作用并加强室内空间的延伸感，同时这种手法也可加强人流的导向作用。

面是线的运动的轨迹，面也可以由扩大点或增加线的宽度来获得。在室内环境中，面的视感来自发光面和受光面两种造型因素。发光面是光透过漫射形材料形成的。受光面在室内光环境中比发光面具有更丰富的表情，界面的多样性与光照角度的不定性使受光面有丰富的表情。空间形态的不同，会引起不同的感情反应，所隐喻的空间内涵也不同。从空间的种类上划分，可以把空间划分为：

结构空间。通过对结构外露部分的观赏，来领悟结构构思及营造技艺所形成的空间美的环境，可称为结构空间。

开敞空间。开敞的程度取决于有无侧界面，侧界面的围合程度，开洞的大小及启闭的控制能力等。开敞空间经常作为室内外的过渡空间，有一定的流动性和很高的趣味性，是开放心理在环境中的反映。

封闭空间。用限定性比较高的维护实体（承重墙等）包围起来的无论是视觉、听觉等都有很强隔离性的空间称为封闭空间。

动态空间，动态空间引导人们从"动"的角度观察周围的事物，把人们带到一个由空间和时间相结合的"第四空间"。

悬浮空间，室内空间在垂直方向的划分采用选吊结构时，上层空间的底界面不是靠墙或柱子支撑，而是依靠吊杆悬吊，或用梁在空中架起一个小空间，有一种"悬浮""漂浮"之感。

流动空间。流动空间的主旨是不把空间作为一种消极静止的存在，而是把它看作一种生动的力量。在空间设计中，避免孤立静止的体量组合，而追求运动的、连续的空间。

静态空间。基于动静结合的生活规律和活动规律，并为满足人们心理上对动静的交替追求，我们在研究动态空间的同时还不要忽略对静态空间的研究。静态空间一般有以下特点：

（1）空间的限定度较强，趋于封闭型；（2）多位尽端空间，序列至此结束，私密性较强；（3）多为对称空间，除了向心力以外，较少有其他的倾向，达到一种静态的美与平衡；（4）空间及陈设的比例、尺度较协调；（5）色调淡雅和谐，光线柔和，装饰简洁；（6）视线转换平和，避免强制性引导视线的因素。

室内陈设品包括很多范畴，包括室内的家具、室内绿化、室内的装饰织物、地毯、窗帘、灯具、壁画等等。家具是室内环境设计中的一个重要组成部分，与室内环境形成一个有机的统一整体。室内环境意境的创造离不开家具的选择与组织搭配。家具是体现室内气氛和艺术效果的主要角色。

室内绿化是室内空间环境设计中意境表达的一个主要方面，它主要是利用植物材料并结合园林常见的手段和方法，组织美化室内空间，协调人与空间环境的关系，进一步烘托室内的气氛。总之，室内陈设品在室内具有很强的创造室内"意境"的作用，不同的陈设品会使人产生不同的联想，激起不同的情感，形成室内空间不同的格调与意境。

空间是有限的，意境却是无限的，作为现代的室内设计工作者，我们应在有限的空间内创造出无限的境地。一个平淡的室内设计，不会有永恒的审美价值，但一个具有强烈"意境"美的室内空间，所留给人的印象是强烈的、耐人寻味的，也将是具有无穷生命力的。

（一）意境在室内环境设计中的应用

位于北京国贸中心的中国大饭店"夏宫"，在现代室内环境设计中也是追求意境的一个典型代表。它充分借鉴了中国传统的室内环境设计在组织形式上用挂落、落地罩、刻花玻璃等隔断物进行装饰的做法，将室内分为中心大厅和四人小雅座厅，通过升高顶棚，绘制沥粉贴金镶画，装配具有浓郁中国气息的现代吊灯，并在四角挂以杏雨、含翠、丹枫、香雪等四季主题命名的匾额，形成空间上的隔断感与通透性结合，极具诗意并给人以时空上的统一感。大厅和雅座厅既融为一体，又相对独立的空间组织既能够体现设计的灵活性，更创造出具有较高审美价值的"意境"，耐人寻味。

（二）室内环境意境美的设计原则

一是健康生态原则。健康生态是现代室内环境设计首要考虑也是必须履行的基本原则，无论哪种设计，一旦违背了人类生理和心理健康，就会刺激人们的情绪，产生不良的后果。如果在室内环境设计中过分夸张离奇的造型、阴暗沉闷的用色、坚硬粗糙的材质等夸张式进行处理，就会引起观者在心理和生理上的不适，进而产生不良情绪和心境。在进行室内环境的意境设计时，健康即意味着没有丑陋、怪异和尖锐等能够导致人们感官不舒服的因素的存在。

生态意味着生命力的永恒，和谐则是维持这种永恒的基础所在。在室内环境设计中则要求人与室内环境之间的和谐，以及人与空间环境氛围的和谐等。比如空间设计的尺度需符合人的正常尺度感，采光和通风也应当适应人的生理和心理健康需要，空间整体上的环境氛围要有利于人保持乐观向上的生活态度等。

二是传情达意原则。意境不是凭空产生的，它要透过具体现实的物进行表现，它既依赖物的综合表现，同时也能够超越物的外像，达到心态情感的共鸣。因此，意境称得上是一种"心象"。所谓"心随形动"，物的变化对"心象"的产生和变化也自然有着实质的影响，比如当人们看到以前的牛的生活照时，往往会想到过去的生活情景。可见，"心象"的产生很多时候要借助"老照片"这样的物的象征、隐喻和暗指等。以中国画中的梅花来说，枝杆遒劲有力，花朵清洁素雅、艳而不俗，常被用来象征"铁骨撑天地，微香映国魂"的英雄气概和"无意苦争春，只把春来报"的高贵品质；中国画里的竹子则常用来隐喻"未出土时先有节，到凌云处更虚心"的人格品质。这都是通过外物所表现的"心象"。

意境对"物"的依赖性也决定了构建意境的一切物质要素都需具备"表达"功能，或者通过自身的形象特征进行表达，或者通过象征、隐喻、暗指等手法间接表达。比如想营造一种"采菊东篱下，悠然见南山"的田园意境，在设计选型时就应以质朴亲切、淡雅宜人、自然而少雕琢为必要，将这些要素的"个性"融合起来进行综合表达，田园兴味就会油然而生。如果在室内陈设上，能够在托物言志上再下些功夫，意境自然就更显深远了。

三是立意构思的脱位、超位原则。人们在社会活动中往往根据自我与他人的关系及在他人心中的地位来定位自己。这种不自觉的定位划分了社会上的不同群体和阶级，也使"认同归属感"由此产生。在设计居所环境的过程中，人们通常会首先参考那些与自身定位相同或者相近的人群的"样式"，或者向他们看齐，或者在其基础上稍加改造，结果导致了单调局面的产生，形式上陷于重复或者雷同的尴尬之境。虽然单调为人的生存提供了基本条件，对人的生理需求来说也无可厚非，但是从满足人们生理和心理需求的意境设计来看，这种格局无疑是对韧性的巨大压抑。

四是空间净化原则。参观过画展的人都知道，在展览馆内，除了作品和照在画作上的灯光之外，任何多余的陈设都是不存在的，连室内色彩也是纯净单一的。人们只有在这样的空间中才可以完全放松心情，让情感和思绪伴随作品的意境自由驰骋，达到一种完全超脱自身的状态。可见，净化空间对意境的营造具有重要作用，空间中的造型、颜色、照明、材质等要素都应当

保持高度凝练，避免过多过杂。事实上，信息过多的环境往往会干扰人的思绪，引起不安或烦躁的情绪，甚至引发生理和心理的疲劳感。这跟人们在繁华的街市采购一天，往往会疲惫不堪，而在清幽寂静的环境里逗留一天，则会觉得舒坦享受的道理是一样的。

五是平实的生活类原则。虚幻往往是文学作品中对意境美的一种阐释，空中楼阁可以予人以虚幻之美，无中生有、空穴来风在某种程度上说也是由虚幻产生的。作为人们生活起居的室内，它是人们真实面对自己生活的私密空间，其意境之美应当是建立在生活基础上的生活美。这种美来源于生活，同时又是生活内涵的外延。对于那些脱离实际生活，一味追求离奇、精致、矫饰的设计，虽然在一定程度上能营造出某种意境，但是从审美角度来说，一旦新鲜感消失，"审美疲劳"马上就会产生。长时间生活在这种环境中，也对人的心灵带来很大折磨，这就是某些娱乐场所隔三五年甚至一两年就需要重新设计装修的原因，否则就会产生审美疲劳的现象。平实质朴的生活之美，恰似一盏灯，不在于华丽的外表多么吸引人，而在于其创造了光明的世界，从而给人以光明的美感。从平淡生活中创造出意境美才具有感染力，才能保持永恒的魅力。

（三）营造室内环境意境的方法

空间有限，意无限。优秀的设计师往往具有将界面造型、尺度变化、色彩搭配、家具选择、陈设布局、花草绿化、光影处理、材质选择以及空间分割等各种设计元素有机结合起来的能力，通过充分利用装饰材料自身的特性，进行整体分析、精心策划，并赋予其人性化的内涵，从而在有限的空间中营造出无限的意境。

一是处理好意境的主题与功能的辩证关系。主题的设定是室内环境意境生成的源泉，而主题的确定则取决于设计诸要素的综合运用。在室内环境设计中，功能的定位是塑造室内意境的基础，一味追求意境而忽视功能，往往导致本末倒置，得不偿失。这就要求设计师要在充分考虑功能的前提下，明确这个室内环境所要反映的主题是什么。换言之，设计师在营造意境时，要在充分考虑其功能的基础上，注重所要表达的室内环境意境的主题氛围，达到渲染主题意境与功能需要的完美统一，避免顾此失彼。

二是了解不同材料质感所产生的意境效果，学会灵活运用多种材料组织。室内环境设计离不开材料的应用，材料直接影响着空间意境的营造。材料的表现；要配合造型色彩、灯光等视觉条件，并非孤立存在，这样才能使材料在营造意境中的作用得到充分发挥。不同材质给室内环境带来的意境感受也往往不同，比如采用纹理自然、材质温润而富有弹性的木材，给人以平易近人、宾至如归的感觉；采用质地坚硬、阴冷滑腻的天然石材，则会营造出肃穆、豪华和冰冷凝重的环境氛围；手感柔软细腻的丝织物，会为室内环境增添温暖、幸福、舒适的效果；表面光亮的陶瓷制品，则会显得室内空间明亮整洁；而色彩亮丽的塑料铺地材料，则使室内环境表现出丰富多彩的视觉效果。因此，灵活运用多种材质组合，在和谐中求对比，在统一中求变化，可以更加准确地表达室内环境的意境。

三是创造性地运用"光"这一独特元素。作为艺术手段而言，光无疑是最直接、最廉价的形式，却可以创造独具特色的视觉效果，是室内环境设计中不可或缺的构成因素。如果对光的价值认识充分并能够加以巧妙利用，就可以收到良好的意境效果。光的色彩、强弱和灯具的种类等，都可以改变或影响室内的空间感，营造出迥然不同的意境。通常情况下，如果采用耀眼的直接照明灯光，可以使人产生明亮紧凑的空间感；间接照亮的灯光则主要通过照射到顶棚后进行反射，对拓宽空间的视野具有帮助；暖色灯光可以在居室中营造温馨舒适的感觉；冷色灯光则使室内环境显得凉爽而通透；吸顶灯和镶嵌在顶棚内的灯具可以使空间看起来更高大一些；吊灯（尤其是大型吊灯）会使空间在高度上显得低一些；暗设的规则灯槽和发光墙面使空间的统一感更为强烈；明亮的光线可使空间显得宽敞，昏暗的光线则使居室显得深邃。

四是充分利用色彩的视觉冲击效果。色彩要素对人的视觉冲击也十分强烈，在室内环境对意境的营造中占有重要地位，不同的色彩和色彩组合搭配给人以不同的感受。在对室内意境进行设计的过程中，需要注意根据观者心理需求的差异、业主个人情趣和功能需求等要素来营造具有主色调的环境。色调有冷暖之分，通过对色温的合理利用，可以使室内环境在意境上表现得更加符合环境的自然变化。如红色和橙色，会使人对太阳、火焰等事物产生联想，从而使人感觉温暖；紫色、青色、绿色、蓝色以及白色等偏冷的色调则会使人联想到大海森林、蓝天白云，使人感受到冷静理智的光芒。此外，色彩的意境效果还包括动静感、伸缩感以及由此而产生的对人的心理上的各种情感。

五是根据实际需要，合理运用传统意味的装饰主题。传统的装饰性主题往往有较强的装饰性，更重要的是，其具有很强的象征性。将它们运用到室内，会使这种空间上的流动效果和跨越性得到显现，可以有效提高室内环境的文化内涵，对表达其地域性和文化底蕴具有积极作用。如此，人们在熟悉的环境里会比较容易融于其中，使情感得到平衡和放松。

六是恰到好处地选择陈设品，以达到"画龙点睛"的效果。恰到好处的选择和运用摆设物品，对室内意境的创造也具有十分重要的作用。根据室内环境的整体效果，利用文字、图案、装饰物和其他艺术品引导人们进行联想，以此为契机去体会和把握环境所蕴含的深刻内涵，增强室内环境感染力。在进行室内环境设计的过程中，应准确地把握陈设品的造型和摆放位置；应当注意其主题的表现手法，使空间类型和装饰风格相互协调，从而更好地展示出空间的个性气氛，点明空间主题，营造出一种特有的气氛。

第二节　室内环境艺术设计要素创意

室内空间环境是由多种因素构建而成，主要包括空间形态、室内陈设、室内环境色彩、光线环境及材质感等。这些构成要素共同组成了独特的室内情感语言，展现出独有的情趣和意境，当人置身其中，就会引发无限遐想，进而获得精神需求的满足。

一、室内设计的空间形体语言

从设计趋同的困惑引出地域性设计重要性的呼声，简要分析了地域性室内设计的方法和特点，并着重阐述以空间形体诠释传统文化这一有效途径。我们不得不承认一个现状：我们的设计文化面临着重大挑战。世界经济一体化及信息全球化促使某种程度上全人类文化趋同现象的发生——思想和体制的世界大同或者单极化意味着极端的危险。唯有保存人类文化的多样性，确保不同文化间的沟通存异，整个人类社会才能保持其文化生态平衡及持续发展的可能性。

文化多元性在建筑学范畴中的体现，是依据建筑本身所处的不同地域与环境特点来表现的，于是我们将重识并重新运用以地域性为表征、多元化室内设计为内在的建筑，试图让建筑回归个性、生气、活力与人情味。

（一）关于地域性设计

1. 地域性设计的概念

地域性设计是指设计上吸收本地的、民族的、民俗的风格以及本区域历史所遗留的种种文化痕迹的设计。

地域性和民族性的概念有所不同：一些小的国家和民族，地域性可能就是民族性的；而对于中国这样幅员辽阔，国内地域环境、自然条件、历史遗风和生活方式、民俗礼仪都有显著差异，建筑及装饰材料都各不相同的国家，地域性的概念相对比民族性更专属和狭隘。同时地域性又是一个因地制宜的概念，也是一个带有延展性的概念。

2. 地域性形成的主要要素

地域性的形成离不开三个主要因素：

（1）地域环境、自然条件、季节气候；（2）历史遗风、先辈祖训、生活方式；（3）民俗礼仪、本土文化、风土人情、当地用材。

（二）地域性设计的方法

根据地域性形成的因素划分可以将地域性设计的途径分为以下四类：

1. 复兴传统风格设计

这种方式也可称作"振兴民俗风格"或"振兴地方风格"。其特点是将传统或地方建筑的基本构筑和形式保持下来，摒弃细节部分，简化室内，强化和突出形式特征和文化特点。

2. 发展传统设计

这种方法与第一种类型相似，都较多地沿袭或运用传统、地方建筑及室内形式，只是比较侧重于符号性和象征性，使用典型符号来强调传统和民俗的风格，而结构上则不一定遵循传统的方式。

3. 扩展传统设计

所谓扩展传统，是指将传统形式扩展成为现代用途，例如公共建筑、大型旅馆、度假中心这些传统建筑中所没有的类型结构，即在传统形式上功能的扩展。这种方式使设计不再受困于传统的桎梏，能够发挥多样化的手法并反复扩展传统、地方建筑的结构，实现现代服务的功能，因而广受欢迎。

4. 对传统建筑的重新诠释

这种方式是使用本土的或其他一些传统建筑符号来展现建筑的文脉感，是值得提倡的后现代主义的一个流派。此类设计仅仅是使用部分地方主义特色，整个设计则是具有地方主义、民族主义特色的后现代主义设计。

在当今的设计中，较为常用的是后两种途径，即不断扩展和延续传统设计和对传统设计重新诠释。这是源于我们所要营造的环境首先必须符合使用的功能，地域性设计不是走捷径的仿古，而是有价值的创造，是将新技术与外来优秀文化与当地文化传统融合后重新诠释的结果。

空间的概念是基于视觉系统对客观世界的反映和思维系统对想象的精神构筑。现代室内设计的主要内容是空间，涉及的空间形状主要有：围合空间的面 —— 墙、天棚、地面的形状；空间围护上的洞 —— 窗、门的形状；一个空间与另一个空间之间的划分构件 —— 隔断、隔屏、罩的形状；以及作为辅助空间氛围的家具的形式。

建筑室内空间形体的形式，是建筑结构体系的材料、比例和几何形状所决定的屋顶形式的反映。不同的空间几何形体将给人以不同的诱导感受，而每种空间形象都有与之相应的特有的生活习惯，可见在某种程度上，空间形体具有相当意义的象征性。

文化内涵和意境是室内设计的灵魂。现代设计中文化性的介入已不可避免，其介入的方式也是多样性的。其中陈设设计最具鲜明的表达性和感染力，室内陈设主要包括墙面上各类书画、壁挂与图片等，以及家具上摆设的瓷器、陶器、青铜器、玻璃、木雕等。陈设设计与色彩、布艺、灯具等设计一起，在特定范围内组合产生一定的文化内涵。

这类室内独立形体从视觉形象上具有完整性，能够叙述特定的历史情节和地域传统，是目前国内外地域性室内设计最常用的手法之一。不同时期，不同地域以及不同建筑师所使用的方法虽然不尽相同，其地域化显现程度也有差异，但其中有一点本质是相同的 —— 达成传统特色的形式片段都脱离了原有的关系，在新的系统中以不同的形式或形式关系出现，即形式重构的使用方法。

作为一个合格的设计师，个人风格变得尤其重要，也就是作品的"个性化"。这里的个性化与地域性、民族性并不矛盾。对地域文化的理解与表现更依赖设计师的主观意识，而在对地域性设计作品的评价方面，个性是必不可少的因素。建筑空间环境的外缘及内涵都在不断扩大，在满足建筑的功能需要和富有鲜明的艺术特性之外，对文化内涵的追求也上升到一定的高度，三者在某些特定的环境下可能表现出矛盾和冲突，但一个成功的设计必然是三者高度协调的结晶。形式重构的方式，使作品的地域性表达过程中个性因素更加明显，并为同一文化区域内的创作繁荣带来了机遇。人们将不只是谈论普遍的创作模式与固定的风格倾向，不仅只注意社会、经济、技术等因素对建筑与室内风格的影响，还将注意力集中到设计师个性对风格形成的作用。

形式重构的创作活动是建立在设计师个性自我之上，才能达到地域性设计让人耳目一新的效果。地域性是民族风格的重要组成部分，在设计中借鉴传统文化，强调地域性，用全新的建筑语言表达传统的建筑语汇，是室内设计的一个鲜明的创新途径。在设计中强调地域性必然成为现代室内设计中的亮点话题，强调地域性与民族风格也就是通向设计世界性之路。

室内设计的意义或价值就整体而论，体现在两个方面：一是它的形体，使室内设计形式语言获得了丰富的物质实在性；二是由实体构成的空间使室内设计的本质属性得以呈现。

空间是出于居住，出于遮风避雨的需要而产生的。现代主义认为，空间在形体上的差异是由功能决定的，不同的功能决定了不同的空间形式。功能主义关注美学，关注现代技术在空间中的运用，关注功能与结构、形式、行为心理等各种因素的联系，使空间在维度、广度、深度等各方面产生了质的飞跃。在现代主义建筑师的眼中，房子成为供人居住的机器，功能主义决定论使人与空间的关系演变成人与机器的关系。但功能不是目的，它是协调人与空间关系中的一个组成部分，是人与空间交流的一种过程呈现。

实际上，空间是人的栖居场所，它不仅是功能，而且是并存着的空间秩序与流淌着的事件的共存，是人的内在精神物质化的集合体。空间是供人居住的，居住表明了一种身心归属的概念。归属感，是人在世间的基本需求，归属某地意味着人们在经历与情感上对某种空间场所与环境的深度介入，在更深层次上感受生活和存在的意义。空间形成围合，围合产生聚集，生活与事件就在聚集中一一呈现与展开。

空间知觉是人从空间中传达的所有信息中抽离出有关信息的过程。人们感受到的事物属性越全面，越丰富，知觉就越具有完整性和准确性；知觉的四种特性对形成空间知觉有重要的作用。知觉的整体性使人们在感知空间对象的过程中，并不把知觉对象看成是具有不同特征的孤立部分，而是将其感知为一个统一整体，这是格式塔心理学揭示的知觉的普遍特征。在空间感知中，人们借助原有的经验、知识与现有的知觉对象进行比较，通过比较达到对事物的理解。知觉的理解性帮助我们认识环境的特点，从而产生环境归属感。知觉对作用于感官的各种刺激并不都发生反应，只选择重要的信息或信息的重要方面进行加工。人的知觉不仅能感知空间的大小、方位、距离、光线的强弱等内容，也能够从物理刺激引发空间的开敞、局促、亲切与冷漠等心理反应。人对空间的知觉主要来自视觉、听觉和触觉，其中视觉是最主要的信息来源，具有决定性的作用，后两者起辅助作用，共同形成空间知觉。视觉知觉通过对图形、大小与深度三个方面的综合作用与感知形成对空间的认知。

部分与整体是相对而言的，如住宅空间包括客厅、餐厅、厨房、卫生间、书房、卧室等功能空间的设计，每个功能空间又涉及地面、顶面、墙面等的设计，就地面而言，其形态、光线、色彩、材料、质感、肌理等都是需要考虑的问题，不可避免地涉及功能形式、结构形式与美学形式的表现。于是，室内外空间环境就成为一个由众多层级构成的体系，而每一个层级都与其上一层级具有相似性。部分与部分之间的相似性，又决定了部分与整体之间必然具有相似性。室内外环境整体与它的构成部分之间以及构成空间环境的部分和部分之间的关系，是一个空间并存的关系或者说结构关系。

人的审美心理结构总是处于相对平衡与变化的状态。人既生活在同质环境，也生活在异质环境。历史的发展，社会生活的变迁，新思想新观点的冲击，都会影响人的审美心理，造成主体的审美心理结构向异己的方向转化。生活在一定环境中的人不断从外界接受各种科学、技术、文化与艺术、宗教等信息，从而形成新的审美心理结构。室内设计的实践活动总是在具体的历史条件下进行的，这种具体的历史条件就是无数概念的时间界限。历史上形成的各种室内设计风格与流派，它们不仅在形式上表现出独特的美学特征，同时在内容上也体现了同时代的文化精神；每一种风格都对应着相应的时间段。

生活在环境中的人受到政治、经济、文化、历史、风俗等各方面的影响，其社会意识处于不断变化之中。对于室内设计的各种功能、设施设备、施工技术等的了解是一个认识不断修正的过程，这样的认识只能在具体的时间与空间的创作实践中去寻找。每一种认识都与具体的时代相对应，如发源于19世纪末的新艺术运动受到当时象征主义美学的极大影响。象征主义认为艺术不是对现实的模仿，而是创造与表现，同时主张用华丽的装饰和象征的隐喻来表现人的内在精神，这是一种具有无限性、流动性、不可言说和不能呈现的神秘内在。正是在这样的精神指引下，新艺术运动以高度抽象的线性形式对自然形态进行全息重构，用象征主义的手法来表现强烈的社会意识与观念，以及艺术家改造现代生活环境的历史责任感。这种具有跳跃节奏感的曲线是对19世纪末20世纪初以音乐与舞蹈为时代主题的全息，借以说明各种艺术是一种综合美学。对于象征主义的美学思想，倘若用来评判崇尚功能主义美学的现代主义运动则是不合时宜的。可见，室内设计的这种审美与认识的阶段性是由室内设计实践活动的具体性决定的，这种具体性界定了时间，界定了时代背景，界定了当时的艺术思潮与运动以及文化、科学、技术等因素与同时期的室内设计之间的关系。

由于材料的耐久性，功能的变化，技术的不断更新，审美观念的不断改变，室内设计所提供的价值随着时间的变化不断更新并不可复现。正如时装艺术一样，过时的风格与装修其价值就会大打折扣。室内设计作为时代风尚的领跑者之一，其原有价值会随着时间的推移与新时尚的出现而消失。室内设计的形式语言，如某种风格、造型（材料与施工）在某段时间成为盛世一时的潮流，但不久即会被新的潮流取代。人生而具有喜新厌旧的特性，用感觉刺激论来解释即是："感觉由于不断重复而变得迟钝了，即种种形式由于屡见不鲜而引起了人们的厌倦，那些形式不再被人注意，因而，需要一种更加强烈的刺激。"

正是这种审美疲劳直接导致室内设计在风格、造型、材料等各方面的不断翻新。创新、求变不断以新的风格吸引着人的注意力是室内设计创作的基本特征。促使室内设计的形式语言变化的因素除了视觉形式的时尚性追求外，功能的变化也会导致环境在短期内发生改变。室内设计时尚变迁的因素是多方面的，最重要的还是新的设计思想与理论对设计师的影响。设计理念、社会价值观和设计师的推动影响室内设计时尚的形成与变迁；技术手段与材料也具有时尚性，同时还制约着时尚的发展。物质的存在总是在时间的延绵中呈现的，事物本身在时间的持续中总是处于不断交替变化的状态，并且其变化具有不可逆性。如一种材料在使用过程中，其表面性能、强度随时间而耗损，呈现出不可逆性。一旦这种材料在使用过程中被淘汰，这种材料对应的加工工艺、生产与技术手段将会随之被淘汰。可见，材料和技术也具有一定的时效性。

（三）空间体验的时间性

建筑空间中充满各种连续的、不连续的空间意识，如同叙述的故事。所谓时间全息即现实与历史的全息，室内设计发展的现实中包含着室内设计发展史各个阶段的全部信息，当代室内设计发展成为室内设计史的缩影。但是现实与历史存在着一种时间演替上的关系，可见全息不仅是一个空间概念，而且是一个时间概念。现实是由历史发展而来的，是历史发展的结果。现实中，积淀和汇聚着全部历史。所以，历史并不会消失，历史就在现实之中，现实不过是各历史阶段的总汇。因此，历史是现实在时间上的演化，而现实是历史在空间上的展开。在历史中，出现在一定时间上的各个发展阶段，在现实中表现为空间上的结构和并存。历史发展的每一阶段，在现实中都能找到它的存在，现在是未来的历史。从全息的角度看，空间是时间的固化，现实是历史与未来的全息。同理，在世界设计史的时间坐标上，古典主义、现代主义、后现代主义都是世界设计史在时间与空间上的一个缩影，是设计风格在过去、现在与未来的统一，它绝不会消失。这就意味着无论在何种时候，我们都能够在当下的设计中寻觅到历史的踪迹。

当代室内设计处于一个风格多元化的时代，而混搭风格可以说是对室内设计发展中所有风格的一个全息展现。它是各种风格的全息，同时体现了室内设计发展过程中的时间全息。混搭是一种多元化而兼容并蓄的风格，其色彩搭配讲究多变、传统与流行元素并置形成拼贴效果，多种风格集结于同一空间中。混搭风格既是时尚的，又是传统的，既是现代的，又是古典的，既是奢华的，又是质朴的，既是烦琐的，又是简洁的。这种个性的自由搭配混合了不同时空、文化、风格元素，形成另类的审美。

每一种风格都代表了一种特定的质，其在特定时刻特定地点的艺术里强烈地体现出来，而在另外的时候和地点则只有微弱的体现，或者完全不存在，但或许在几个世纪以后又在另一个地方重新出现了，并且为另一种背景所制约。

时间全息理论在文脉主义设计观中有着完美的体现。文脉主义主张，空间是文化的载体，现实是历史的传承，传统是创新的基石，室内外环境设计协调统一。具体到设计中则要求对空间中的构成元素给予具有文化尺度的三度空间的表达。秉承古典主义信念的设计师和艺术家们意识到西方传统对于新时代传统而言是一种有生命力的选择，同时看到自身的努力可以对其发生影响，从而体会到类似基督再生时的复活感。传统不仅是一组无穷无尽的形式和主题，而且作为一种观念依然充满活力。毫无疑问，这种思想觉悟来源于历史自觉意识。

古典建筑语言在其进化延续过程中，随着时间的推移而不断变化。从古典主义设计原则指导下的不同时代的古典主义建筑中我们不难发现，历史被接合成一个连续的整体，从文化层次上来看，历史发生了逆转。当历史自觉意识与创造意识交织在一起时，延续作为一种概念就不可避免地在设计中被体现出来。过去和现在形象地和象征性地交织在一起，仿佛所有的时间都是呈现于一个单一的瞬间。这种空间和时间的重叠，体现了传统延续性的直截了当的方式，过去在现在中充满活力，现在使过去重新复苏。时间是空间的纵向分布，空间则是时间的横向排列。空间具有静的特点，时间具有动的特点；空间为虚有，时间则是实有；动静虚实相交合则构成时空全息网。网上的每一个时空交点即"纽结"，便是一个个具体的事物。可见，时间不过是纵向的空间，空间则是横向的时间；空间是静止的时间，时间是运动的空间，两者实为一体。时间与空间的全息性表明：事物在空间结构上的层次与事物的演化过程中的层次具有对应关系，或者说，事物在空间上的分布规律是其在时间上分布规律的反应，概言之，空间与时间全息。因此，每一事物都是时空的结合体，都具有 N 维的立体全息性。室内设计作为人类精神上的创造物也是如此。

现实世界的人们，对室内设计的认识可以分成许多不同的层次，而这些层次又是与室内设计发展史上的诸层次相对应的。越是处在低层次的人们，其认识水平就越与古代的室内设计发展水平相接近，其文化与文明发展的程度也越低，在时间上一直可以追溯到远古时期的原始人，在空间上与之相对应的则是现在对室内设计一无所知的人。而在室内设计认识层次的顶端，空间上的最高层次和时间上的最后层次合流了，它既是室内设计发展史的顶峰，又是当代室内设计水平的顶峰。

二、室内设计的材质语言

材质的搭配是"意境"创造的表现方式。材料在室内空间中所占的比例尺度对于意境的营造定位有着感染及引导的作用。比如有方向指引性的纹理质感可以体现出空间表面的长度与宽度，细腻的质地可以使材料表面产生亲和感，同时也可以增强其在视觉上的柔美感。将具有强烈视觉对比的材质进行组合，如明亮与晦涩、精巧与粗糙等可以营造出意想不到的空间意境效果。可见，巧妙地选取与运用材料，让室内空间意境阐述新的含义。

材料质感、空间形态、建筑结构及使用功能都是室内空间环境构成不可或缺的基础因素，不同的材料因其表现的质感存在差异而表现出的意境大相径庭，这一特性对于室内空间意境的营造有着直接的影响。材料质感主要是通过其形状、色泽、肌理、质地、体积以及透明度等方面来表现的。在进行设计选材时要充分考虑材料之间存在的差异性，精挑细选出最优组合，填补建筑空间结构上的不足，同时营造出充满意蕴的室内空间。

在以居室空间设计为载体，建筑外观设计时采用太阳能、用双墙构造以及采用新型空调热泵系统的生态建筑。内部空间设计概念为"白色诗歌"。和许多充满质感的室内设计一样，这座公寓也以纯白底为主调，摒弃了繁杂的装饰，白色添加了室内亮度，使室内均匀布满散射的自然光，带来纯净、文雅的感觉，也强调了光影的未来变化，以及光线下的构图。白底能够充分表达材质本身的质感。设计师选择了爵士白大理石和黑胡桃木，居住区域的周围都用爵士白大理石包裹，而中间的贮藏区域用的是黑胡桃木饰面。爵士白大理石变换丰富的肌理带来了生动活泼的效果；黑胡桃木既分割了空间布局，也调剂了白色的单调感，形成了特有的空间节奏，简洁明快又不失丰富的细节。

材质的天性是从属于居室环境之中的，依靠材料本身散发的表现力，它们是内在联系、相互影响，甚至相互限制的，材料的特质与室内空间相互搭配，给人一种充满艺术熏染力和浓浓情意的居室空间意境。

三、室内设计的陈设语言

（一）陈设在艺术设计中的应用

在现代居室空间的环境艺术设计中，如果没有陈设艺术的烘托点缀，空间情趣和它的文化品位就会索然无味，在设计和实施中如果不考虑陈设艺术设计，环境艺术的意义和目的就不完整、不明确，也谈不上优美环境所带来的享受和自我心境的表达。对于环境艺术来说，空间的构成设计及其使用离不开陈设艺术，而陈设艺术的设计实施又依赖一定的空间功能陈设，也叫摆设，是环境艺术设计中一个重要的内容。陈设与环境是一个有机的整体，所以艺术陈设与环境艺术设计的内涵协调统一。在环境艺术设计中作为欣赏对象的艺术陈设品，随着社会文化水平的提高，它在环境设计中所占的比重也在逐渐加大，在环境中的地位也越来越显得重要，最终成为体现设计品位的重要标志，有什么样的环境就该有与之相适应的艺术陈设品。艺术陈设是环境有机的组成部分，陈设品又要与环境融为一体，而不该被环境所淹没，艺术陈设掌握必要的分寸，才能起到画龙点睛、锦上添花的效果，所以艺术陈设品的大小、形式、位置都要与整个环境取得良好的比例关系。家庭室内布置的工艺品分为实用工艺品和欣赏工艺品两类。搪瓷制品、塑料品、竹编、陶瓷壶等属于实用工艺品；挂毯、挂盘、各种工艺装饰品、牙雕、木雕、石雕等属于装饰工艺品；茶具、咖啡具等，实用、装饰两者兼而有之；中国画和书法则是艺术品，也常用于布置室内环境。家具是室内环境中体量最大的陈设品之一，也是构成室内环境的重要部件。但是，对于设计师来讲，在室内空间里家具应被看作各种空间关系的一种构成成分，它有着特定的空间含义，而家具本身对其所在空间的服务质量和艺术效果有重要的影响，其功能主要在于实用，并可用来分隔、组织空间。此外，从精神功能来看，家具能陶冶人们的审美情趣，反映民族传统文化，形成特定居住气氛与意境。织物是室内环境中除家具以外面积最大的陈设品之一，也是室内环境的重要组成要素，由于它的柔软性特征而成为创造温馨室内环境的重要条件。在室内环境的墙面上挂上装饰吊毯，又能为室内环境创造出一种浓郁的装饰气氛来。装饰性织物还必须与人的生理与心理的需求相配合，使它可以随季节的变化而变换：春意盎然，万象更新季节宜选用富有生气的色彩图案布料；仲夏翠绿成荫，色彩浓郁的季节宜选用稍薄的细花图案布料；秋日阳光柔和，叶色绚丽季节宜选用色彩丰富与大图的粗布料；寒冬日淡影稀，色彩柔和的季节宜选用防寒耐热的深色厚呢布料。织物装饰涉及人在室内的所有使用物，如门窗帘、壁毯、床单布罩、沙发与椅罩等，主人可根据自己的爱好和房间的采光条件，与周围环境通过整体考虑选择布料，要求取得平衡与稳定感，以取得锦上添花的效果营造出温馨的室内环境，是引发对家依恋感的重要一环。易言之，室内装饰性织物能柔化空间，美化空间，同时也为室内设计师改造或创作空间气氛提供了新的可能性。日用陈设主要包括室内环境中的陶瓷器皿、玻璃器皿、文具书籍、家用电器与各种贮藏及杂饰用品，它们是人们居住生活离不开的日常用品，其使用功能是最主要的。既然是放在室内的物品，自然也有一个美化环境的问题。人们崇尚自然，喜欢种植观赏性盆栽摆设来美化室内环境，它可以起到消除疲劳、调剂精神的作用。面对这些情况，人们期望在自己的室内环境中拥有一片绿地，绿色植物逐渐被引入室内环境，作为室内环境中的绿色植物，主要起到调节室内的温度、湿度、净化空气、降低噪声的作用。室内环境由于受日照、温度、土壤和空间的限制而局限了可在室内栽种的植物品种，使用品种应选择喜阴、耐阴、生命力强的植物。

首先，室内陈设艺术品可以创造二次空间，丰富空间层次。由墙面、地面、顶面围合的空间称之为一次空间，由于它们的特性，一般情况下很难改变其形状，除非进行改建，但这是一件费时费力费钱的工程。而利用室内陈设物分隔空间就是首选的好办法，我们把这种在一次空间划分出的可变空间称之为二次空间。在室内设计中利用家具、地毯、绿化、水体等陈设创造出的二次空间使空间的使用功能更趋合理，更能为人所用，使室内空间更富层次感。例如我们在设计大空间办公室时，不仅要从实际情况出发，合理安排座位，还要合理地分隔组织空间，从而达到不同的用途。

其次，陈设艺术品可以加强并赋予空间含义。一般的室内空间应达到舒适美观的效果，而有特殊要求的空间则应具有一定的内涵，如纪念性建筑室内空间、传统建筑空间等等。如重庆中美合作所展览馆烈士墓地下展厅，大厅呈圆形，周围墙上是描绘烈士受尽折磨而英勇不屈的大型壁画，圆厅中央顶部有一圆形天窗，光线奔泻而下，照在一条长长的悬挂着的手铐脚镣上，使参观者的心为之震撼。在这里，手铐脚镣加强了空间的深刻含义，起到了教育后代的作用。

再次，陈设艺术品可以强化室内环境风格。陈设艺术的历史是人类文化发展的缩影，陈设艺术反映了人们由愚昧到文明，由茹毛饮血到现代化的生活方式，在漫长的历史进程中不同时期的文化赋予了陈设艺术不同的内容，也造就了陈设艺术的多姿多彩的艺术特性。室内空间有不同的风格，如古典风格、现代风格、中国传统风格、乡村风格、朴素大方的风格、豪华富丽的风格。陈设品的合理选择对室内环境风格起着强化的作用。因为陈设品本身的造型、色彩、图案、质感均具有一定的风格特征，所以，它对室内环境的风格会进一步加强。古典风格通常装潢华丽、浓墨重彩，家具样式复杂、材质高档、做工精美，有的以时代命名，如"路易时代"或"维多利亚时代"。在我国，一般都采用欧洲一些明显的室内设计风格，作为我们发展的理性原则，例如，古希腊、罗马的柱式空间装饰形象及处理手法等建筑及室内的语言符号被重新组合起来运用。

最后，陈设艺术品可以柔化空间，调节环境色彩，促进现代科技的发展。城市钢筋混凝土建筑群的耸立，大片的玻璃幕墙，光滑的金属材料等等凡此种种构成了冷硬、沉闷的空间，使人愈发不能喘息，人们企盼着悠闲的自然境界，强烈地寻求个性的舒展，因此，植物、织物、家具等陈设品的介入，无疑使空间充满了柔和与生机、亲切和活力。

（二）观赏性陈设在室内设计中的应用

观赏性陈设是室内陈设设计的重要组成部分，更多的人选择观赏性陈设品去装点空间。观赏性陈设设计是个人情感和审美需求的具体体现。在室内陈设设计中，"观赏性陈设设计"占有相当大的比重，而且随着社会发展有增多发展的趋势。观赏性陈设设计为室内空间增添了活力，同时，观赏性陈设也是人们寄托个人情感，表达设计思维，营造"精神空间"的重要载体。认识观赏性陈设设计的重要性，研究观赏性陈设设计在室内陈设的地位及在室内设计中的运用具有重要意义。

室内陈设设计一般分为功能性陈设和观赏性陈设两大类。"功能性陈设"是指具有功能要求，放置于室内具有明确的使用价值的那部分陈设品。一般主要包括家具、灯具、织物等。"功能性陈设"对人们的需求是客观和直接的，所以一直以来，对于"功能性陈设设计"的关注度最高，研究最多。然而，功能性陈设设计形式单一，手段陈旧刻板，已不能满足现代设计的要求，也与室内陈设设计的发展相违背。而"观赏性陈设设计"是以满足人们精神上的需求为目的，本身没有明确的使用价值，只作为"欣赏、装饰"存在，成为现代室内设计的发展方向。"观赏性陈设设计"强调个性，尊重艺术，注重个人情感的表达，与功能性陈设设计有本质的区别。

观赏性陈设设计的特征是：个性化、艺术化、大众化以及陈设方式灵活方便。相对于功能性陈设设计，观赏性陈设设计为居者提供了更多的"设计空间"，有助于个人喜好、思想情感的展现。现代室内陈设设计不仅要满足人们日常生活的需要，还必须符合审美需求，通过一定的陈设设计，为人们创造美的空间环境。观赏性陈设设计与功能性陈设设计有着根本性的区别，它讲究的是陈设的个性化、艺术化，强调的是大众艺术与审美的完美结合。

从使用的角度讲，"功能性陈设"在组织空间布局，营造空间氛围上起到了重要作用。然而，随着生活水平的提高，室内陈设设计从"装修"走向了"装饰"；从"硬装"走向了"软装"；从"功能"走向了"精神"。室内设计已不再是简单的摆设，而是室内陈设品的材质、款式、色彩，甚至于品牌、文化、历史等方面的要求。观赏性陈设设计，注重个人的情感表达和文化修养、审美品位的提高。观赏性陈设设计可根据居住者的职业特点、性格爱好、文化层次、审美情趣等自由地陈列展示陈设品。另一方面，观赏性陈设特点为设计的大众化、普遍性提供了条件。室内陈设设计不是设计的自我欣赏，而是为人而设计。居住者的生活习惯、性格喜好都将成为室内陈设设计的重要元素。与功能性陈设设计相比，观赏性陈设设计操作灵活方便，不受时间限制，有利于大众参与设计。另外，室内陈设要重视"个性需求"，做到灵活多变、形式多样，要开放地吸收大众的意见，不断寻求多元化的设计理念，通过对室内陈设品的"协调"，避免室内陈设设计的千篇一律和单调无味，充分满足居住者的不同需求，以达到陈设之目的。因此，注重个人情感表达的观赏性陈设，是对个人需求的满足，是个人审美价值的自我体现。

观赏性陈设设计品种繁多，形式多样，主要有：观赏性家具、观赏性灯具、观赏性织物、观赏性绿色植物等，它们分别扮演着不同的角色，对室内装饰设计起到了不同的作用。家具在室内设计中具有不可替代的作用，也是陈设品中占比例较大的部分。从功能上讲，家具具有坐卧、储存、收纳、展示功能，同时还具有分割组织、联系统一空间的作用。而对于观赏性陈设家具，使用功能已降为次要位置，观赏、收藏、陈列、展示的功能成为主角，这部分家具存在于室内陈设中，数量虽少，却对设计风格的整体把握具有重要作用。例如：有着文物历史价值的明清家具就属此类。这些家具大部分已经不再使用，而是成为艺术品被藏家收藏、把玩，或者作为艺术品陈列。观赏性家具与中国书画、古玩瓷器一起搭配组合，独具中国传统文化特色，端庄大方、古朴含蓄，处处洋溢着浓郁的艺术气息和强烈的装饰意味，陈列于室内空间有利于提升空间的艺术价值和文化品位，陶冶情操，同时也是主人个性魅力和兴趣爱好的体现。由于家具在室内陈设空间中的比重较大，外形突出，可利用家具的原木的材质、质朴的色彩和柔和简练的线条，营造回归自然、返璞归真的乡野情调，来寄托某种思想情感。

室内装饰离不开照明，照明离不开灯具。现代室内设计灯具已超越了单纯的照明功能，而向着造型美观、功能齐全的审美方向发展。观赏性陈设灯具，是指作为室内陈设品的灯具，从以功能照明为主，转向灯具的外观造型、材料质感、色彩照度，以及装饰室内空间环境，为室内营造符合视觉要求的空间氛围。观赏性灯具一般置于室内空间中的突出显要的位置，以表明空间主题，体现符号性和象征性。例如：客厅沙发区域的顶棚属居室空间中的"中心区"，设置水晶灯应考虑造型美观，装饰性好的吊灯较为合适。吊灯的光域环境暗示客厅会客区域的位置，与沙发、影视墙形成统一的整体。再者，观赏性陈设灯具的营造空间氛围的作用不可忽视。例如：影视墙顶部暗藏灯管，可设置各种颜色的灯光，也可以根据居住者的使用习惯改变颜色，达到装饰的效果。另外，一些仿生灯具设计富有趣味和装饰效果，同样深受欢迎。

观赏性织物，具有改变空间色调、调节室内空间氛围、弥补设计不足、装点室内空间的作用，在室内陈设中具有较高的使用率。观赏性帷幔，是观赏性织物的最大部分，主要陈设于门窗、墙立面等部位。观赏性帷幔的功能已不再是单纯的遮光、保温、调节视线，而是以装饰为主。例如，传统的窗帘大多为明式，窗帘的挂钩外露，既不美观也不实用；而观赏性窗帘把轨道、挂钩、窗帘设计成一体，装饰性和观赏性大大增强。室内陈设中还经常使用地毯作为地面装饰。观赏性地毯主要使用块毯，它的作用是把分散的家具通过大面积的块毯协调统一起来，形成相对独立的区域。例如，客厅沙发区域就特别适合使用块毯。块毯的另一个作用是，补充、中和、点缀色彩，使整体色调趋于协调。深色背景适宜浅色块毯提亮色调，浅色背景适宜深色块毯增加沉稳。以纯装饰存在的观赏性织物包括壁毯、植物编织类壁挂，它们大多以几何图案、色块构成为主，色彩明快、对比强烈，以悬挂于墙面为主，装饰感强。近年来，罩面类织物的陈设日渐流行，成为居室空间设计观赏性陈设设计的中坚力量。这类如餐桌、茶几、冰箱上的花式纱线台布，沙发、床、椅子上的蒙面织物。罩面类织物的特点是：美观大方、色彩丰富、更换简单方便，更适宜家居陈设。综上所述，面对人们生活方式的转变和审美需求的提高，观赏性陈设设计的研究尤为重要。我们要充分利用现代材料、现代工艺所带来的便利，关注人的个性发展和情感表达，倡导大众参与设计，加强文化内涵和精神价值的提高，创造色彩适宜、格调高雅、空间适度的陈设空间环境。

（三）观赏性陈设在室内设计中的应用

家具与陈设是室内设计的重要组成部分，家具与室内陈设及艺术品的设计与选择对室内设计作品影响至关重要，合理的搭配与组织对烘托室内的意境与品位具有非常重要的意义。室内设计是人类创造和提高自己生存环境质量的活动，随着人类改造客观世界的能力不断提高，对居住环境的质量要求也越来越高。

室内设计是建筑设计的一部分，是建筑设计中密不可分的组成部分，是建立在四维时空概念基础上的艺术设计门类，是为人类建立安全、舒适、优美的工作与生活环境的综合艺术和科学，它应当包含三大系统：第一，室内空间视觉形象设计和空间环境系统设计；第二，室内建筑界面及构件的装修设计；第三，室内家具与室内陈设设计。可见，家具与室内陈设是室内设计中的重要元素，它的形态、尺度、色彩、质感等要素直接影响到室内设计完成效果；它对于室内设计空间的格调与品位、意境和气氛的烘托与塑造具有很重要的作用。

从我国建筑行业程序上看，室内设计也是建筑设计的深化与发展。它还包含更多的建筑师所不能顾及的室内装修、设备、家具及灯具，绿化、景观，窗帘、布艺织物等陈设装饰设计等方面的内容。所以，室内设计要求室内设计师是一个室内建筑师，也应是一个家具设计师、室内陈设设计师。室内陈设设计师在国外早已经是一个职业了，它涉及地理风俗、民情、传播、符号、文学、材料、绿化、水景、色彩、照明、插花、挂画技巧、家具赏析及陈设与鉴定、陈设品的选择与搭配等诸多知识要素。室内陈设设计在某种程度上就是室内设计行为，它可以改变整个空间的性格甚至使用功能。目前，我国发达地区市场已经意识到陈设设计的职业重要性，个别企业及市场已经有岗位需求，如星级酒店室内艺术陈设设计、公共空间艺术陈设设计、产品卖场的环境陈设布置、礼仪仪式与室内艺术陈设设计、设计公司的专职陈设设计等工作。今后，随着室内设计行业的分工越来越专业化、高效化，室内陈设设计师也将同方案设计师、效果图绘制师、施工图绘制师一样成为我国室内设计行业的专门职业。

（一）家具陈设

室内可以没有建筑界面的装修，却无法没有家具，即室内设计的精神灵魂是家具。家具是使用功能和装饰功能兼有的室内陈设用品，它既要满足人们日常生活的使用，又要与室内环境相得益彰，具有较好的观赏性。好的家具又称为室内的雕塑，具有艺术品的价值，我国明式家具的艺术价值早就为世界家具之最。家具是随着人类的历史发展起来的，几千年来，不同的国度与民族，不同的历史时期造就了风格各异的家具和与之相生的室内环境。

1. 家具的尺度

家具与室内空间关系的基本要素是尺度，除了家具应有的符合人体工学的常规尺寸外，家具体积的大小影响着室内空间与人的心理空间。所以，适宜的尺度是第一位的。再完美的家具，如果与室内空间的尺度关系不合适也是不能选用的。家具应与室内空间的尺度适宜。

2. 家具与室内的色彩

（1）同类色与邻近色为主的配置。常见的"同类色"主要指木本色的黄、红棕、褐系列色彩。家具与室内的色彩采用同类色彩与邻近色，是保险的色彩配置法，容易取得室内色彩的协调，但运用不好，也容易呆板，无生机。最好适当加入少许对比要素，并注意室内明度的合适分布。如果室内铺设木地板，家具还应与地板色彩有些差异、形成对比，不宜相同。

（2）高纯度色彩及对比色为主的配置。有些家具本身色彩就是采用了对比要素，如柜子的柜门与旁板等处采用不同色相的对比等，一些儿童家具或快餐厅家具与室内空间也多采用高纯度色彩及对比色配置，如红、黄、绿、白色等。室内与家具的高纯度色彩运用及对比要素使室内空间色彩鲜明、亮丽、个性突出，时尚感强，但应注意面积配比，一般应有大面积的中性色来做室内环境基础色。近年的黑白色类对比也被时尚人士所喜爱。

3. 家具风格

家具的造型风格决定了它的室内空间属性。如中餐厅或中式空间的室内设计，除了在室内装修上要适当体现中国古典建筑的门、窗、隔、罩、纹样等符号要素外，家具必须具有中国古典家具的造型要素，如仿明清式家具。如果是"极少主义"等简约风格的室内设计，家具一定是单色系、做工精良、收纳功能强、线条简练的工业化的造型形态。当然，"简约"风格的室内空间也不乏可以有一两件精致的古典家具，根据室内风格，善于运用对比要素，也将别有味道。"田园风格"空间家具应是实木材质，线条粗犷、表面有做旧处理的肌理效果。

4. 家具设置与空间

家具在室内空间的摆放形式、不同设置、位置差异也可以造就不同的室内空间性格，如用隔断柜、架可以代替隔墙分割室内空间；沙发、茶几、方块地毯、视听柜又可以围合成一个虚拟的视听空间或会客区域等等。

5. 家具的装饰功能

近几年，也出现了除了使用功能之外的装饰功能更突出的家具设计作品，家具局部展示面采用装饰图案设计。或整个家具形态模仿生物外形，如新加坡一家海鲜餐厅，家具外形设计成海鱼、虾的形象，有趣的外形受到顾客的喜欢，也使餐厅生意兴隆，设计产生了趣味，也带来了经济效益。

（二）室内陈设

这里所说的室内陈设是指除了家具之外的其他室内陈设，"陈设"既是动词也是名词，它既指陈列、布置、展示、摆放，也指陈列、布置、摆放的物件。室内陈设按用途可以大致分为两类：一种是以使用功能为主的室内陈设，如照明灯具、日常器皿、电器、窗帘、床罩、地毯等；另一种是以观赏功能为主的室内陈设，如非日用陶瓷艺术品、古董、工艺品、挂画、绿化植物，甚至绿化、水体等。室内陈设应根据业主的工作、生活环境、空间大小、职业、身份、经济条件、性格爱好来设计与选择。室内陈设艺术设计对提升室内设计作品的艺术品位也将起到积极的推动作用。

1. 布艺织物

在室内陈设中一般占据较大份量的是布艺织物。中国在2000年以前的汉代石刻就有了"帷"的样式。可见，织物很早以前在人们的室内物质生活中就有很重要的地位。人们也很注意织物的色泽、质量、图案等。窗帘、床罩、地毯、挂毯等大面积织物将直接影响室内整体色彩与风格，是室内设计中不可忽视的部分。另外，织物也可以作为室内界面的装饰和分隔空间的作用，如织物天花、帷幔等。有很多现代室内作品就是以织物为主要装饰手法完成的，形成轻柔、浪漫的室内风格。

"极少主义"等简约风格室内的地毯选用色彩多是纯色、高级灰，图案选抽象图案，材质是羊毛、混纺的；窗帘选用卷帘、罗马帘、百叶帘；布艺选用应是纯色、高级灰、抽象图案。"欧洲新古典"风格空间地毯选用应是编织地毯、比利时薄型地毯；窗帘选用应是窗帘明杆、窗楣、系窗帘的穗子，织物坠感强、颜色柔和或有传统花饰的；布艺选用应是颜色柔和或有传统花饰并饰有流苏。"田园风格"空间地毯选用应是粗麻地毯；窗帘选用应是浅色小碎花拉帘；布艺选用应是颜色淡雅、有花草图案，材质用纯棉、纯麻等。

2. 其他陈设饰品

墙面壁画及挂画、装饰艺术品、玻璃、陶瓷器皿、电器、灯具、绿化植物等无不体现室内设计的品位，这些陈设饰品从内容到色彩，从形象到尺度都需要设计师或业主精心去设计、选择和购置。从内容、风格到色调都应该与室内整体风格协调，一件不合适的陈设就可能成为整个室内设计的败笔。"中式空间"的室内，其他陈设及艺术品，如灯具、瓷器、装饰品等也要体现"中式"元素，如灯笼（宫灯等）、青花瓷瓶、宫廷服装（可做墙面装饰品）等都能突出"中国味"，直至员工的服装款式。饰品选用佛像、古旧窗格、传统器物；绿化选用传统盆景，花品常用兰花、文竹；艺术品选用中国字画、古玩。

"简约"或"极少主义"风格的室内设计，就要慎重选择中国字画及装饰性较强的瓷瓶、图案繁杂的织物等。灯具选用应是造型简洁、材料现代的；饰品选用应是造型简洁、材质精良；绿化选用应是几何形态感强的插花、盆栽，花品常用马蹄莲、百合、郁金香、仙人球；艺术品选用应是现代抽象绘画、雕塑等。"欧洲新古典"风格空间灯具选用应是较为古典风格的；饰品选用应是烛台、瓷器、相框；绿化选用应是欧式插花，花品常用玫瑰、百合、郁金香；艺术品选用应是油画、小型古典雕塑。

"田园风格"空间灯具选用应是铸铁、较为传统的材料；饰品选用应是烛台、果篮、相框、瓷器；绿化选用应是蔬菜、瓜果和较为随意的插花，花品常用向日葵、雏菊；艺术品选用应是小型油画、民间装饰工艺品等。绿化、水体等陈设对空间的划分与营造也将越来越受到都市人的喜爱。

随着全球政治、经济、科技、文化的交流，今天，中西文化，乃至世界文化已经在我们的生活中碰撞，交融，派生，且形式多样，令我们目不暇接，这也是现代社会生活的一个特性，同时，也给我们设计和把握室内设计作品的风格与品位带来了一定的难度，尤其是面对不同民族风格的交叉以及古典与现代融合的室内设计要求。同时，装修后期的家具及室内陈设对塑造室内的风格也起着越来越重要的作用。

设计师要充分重视家具与室内陈设在室内设计中的重要性。在陈设设计过程中，"整体"是第一位的，既不能随心所欲，又不能被某些条框所限制，束缚了思想。在室内设计构成中要注意符合形式美的规律要素，并勇于创新。家具与室内陈设部分既要与室内空间设计及装修相匹配，又要符合使用者兴趣与身份及使用功能，不能一味地追求豪华与高档次，又不能一味地凭设计者个人喜好决定。要真正地将室内设计当成一个室内环境系统设计来对待，处理好室内空间环境、装修设计和家具与室内陈设设计的关系，才能真正提升室内设计作品的艺术感染力与文化品位。

第三节　室内环境艺术创意设计应用

一、装饰元素在室内环境艺术创意设计中的应用

在室内设计中，装饰元素作为一种形态装饰语言，不仅给人视觉上的享受，还在舒适的空间中让人体验纯正浓郁的中国文化艺术氛围。那么装饰元素到底具有哪些客观的存在形态呢？根据分析认为，装饰元素主要有色彩、图案、材质、精神文化内涵几种形态，下面将从这几点出发进行详细的介绍。

（一）装饰元素的色彩

"五色说"是中国装饰色彩美学理论的哲学基础，所谓五色是青、红、黄、白、黑五种颜色，五色说最早见于《礼记·礼运》，与五行说是相互联系、相互贯通的。

1. 青色

青色是中国特有的一种自然色彩，在五行学说中，与东方、春天和树木相互对应，有坚强、希望、庄重、宁静、吉祥的象征含义，在中国社会自古就有"尚青"的观念，传达出中国青深刻的色彩文化内涵。青色是带有生命力的颜色，在儒家经典《尔雅》中对青色的解释是："春为青阳，谓万物生也"。说明青色代表春天，代表万物生长。从现代人的心理角度来说，室内空间中适当处理一些带有青色的环境，可以起到平和心态、放松情绪的目的。

提到现代室内设计中的青色使用，不但可以作为整个室内的主色调，也可以作为点缀色来搭配，在这里不得不提一下世人熟知的青花瓷，它是室内装饰陈设小品中青色运用最典型的代表，也是世界独有的中国化符号语言，因此青色又被称为"青花蓝"，可以这么说，青花瓷是中国青色在现代社会最好的载体。

2. 红色

自古至今，红色在中国人的心目中深受青睐，与五行中的火相呼应，红色与中国人之间的特殊情感是其他色无法取代的，在中国人的观念里，红色可谓是中国的"国色"，因此又被称为"中国红"。中国红是喜庆、吉祥、热情、美丽、健康等的象征。红也称为"赤"，按照惯例，中国老百姓被叫作"赤子"，在世界各个角落的海外华人和华侨被称为海外赤子。

中国红具有鲜明的民族性和文化性，是装饰元素不可缺少的一部分，中国人用自己心中的红向世界传达着和谐、快乐的情感，展现了具有中国特色的民族文化精神。红色的中国结在喜庆节日的时候经常可以看到，它不但可以用作室内装饰的陈设小品，也可以随身携带，寓意"吉祥如意"。在现代室内设计中，中国红的运用成为中式装饰的主角，具有强烈的视觉冲击力，可以给人温暖、鼓舞的力量，释放心中的郁闷，例如中国结、红木家具、红色沙发等，配以五彩缤纷的布艺，可以营造和谐优雅的气氛，调整低落的情绪，还可以为空间增加一些生机和活

力。在中式风格的现代室内设计中，红色永远是室内空间的主旋律。

3. 黄色

在五行学说中，黄色被誉为一种尊贵的颜色，与"土"相对应，象征着权利、高贵、神圣和智慧，黄色被历代帝王所使用，也被称为"帝王之色"。在中国装饰文化中，黄色也有吉祥、珍贵的寓意。琉璃黄是老北京特有的城市色彩，代表着北京独特的自然景观及人文与历史的精彩和辉煌。室内空间中琉璃黄色彩渐变的沙发背景墙，青灰色的石地板等的运用，把中国装饰色彩有效地融入了现代室内设计中，不但满足了业主的舒适度，同时室内整体色调和谐统一，展现了舒适、含蓄和端庄的中国民族风情，同时也感觉到家的温馨之美。

4. 白色

白色是一个中立的颜色，在光谱中通常被认为是"无色"。在五行学说中，与"金"对应，有高雅、纯洁、光明的象征意义。白色在现代室内设计中的运用主要是通过光线和材质来体现的，光线的明暗使白色空间更有立体感，新中式主打的简约白色调成为现代年轻人家居的新宠，在中式家居中穿插一些现代感觉的造型，增加了空间的整体感和协调感，给人一种崭新的生活享受，和谐怡人的生活意境。

5. 黑色

黑色是道家思想极其推崇的一种颜色，也是最尊贵的。黑色对应五行中的水和北方，象征高贵、神圣、稳定，黑色是天色，是一种理想化的色彩，与光明和白色相对应。整个室内以黑白两种色调为主，给整个空间热烈奔放的同时又不失一丝稳重的感觉；黑色与白色的合理搭配布置，给人带来高雅、有品位、大气的心理印象。进入新世纪，世界各国文化的交融给中国装饰文化带来了冲击，中国装饰色彩也列于其中。当下，追求时尚成为最热门的流行趋势，中国设计师在迎合世界潮流的同时，切记装饰色彩是奠定中国特色室内环境的一个重要组成部分，对装饰色彩的认知直接影响中国化室内设计的发展，只有深刻领悟装饰色彩的文化内涵，才能在多元化的色彩世界中打造中国特色的室内环境。

（二）装饰元素的图案

中国装饰图案是装饰文化宝库特有的一种审美形式，它种类繁多、题材丰富，是中华民族文化艺术成就上一道亮丽的风景线。中国工艺类装饰图案主要有彩陶图案、青铜图案、建筑装饰图案和染织图案，其装饰手法千姿百态，由于不同历史时期审美文化和工艺制作的差异，呈现出个性的多样化和装饰的多元化。

1. 彩陶装饰图案

彩陶装饰图案反映了人类和大自然之间单纯质朴的情感，体现了对美好事物追求的思想意识。随着时间的流逝，各种直曲线和流动旋转的形式成为彩陶装饰的主旋律，人类经过实践发现了抽象几何线条内涵的文化意蕴即形式美规律，这在当时是一个多么伟大的创举。

在现代社会中，彩陶以其优美的造型、精巧的装饰，成为现代室内装饰用品的新宠，对室内空间环境氛围的营造起到画龙点睛的作用，同时彩陶装饰图案具有简洁、大气、朴素、流畅的性格特征，表现出自由舒展、生机盎然的装饰风格，与现代人追求个性化和时尚感的生活方式相吻合，对于中国特色的现代室内设计的发展产生了深远的影响。

2. 青铜装饰图案

青铜装饰图案主要展示的是形和线结合的美，其装饰特征表现为庄重、威严以及神秘，如中国文字博物馆室内装饰效果极其巧妙地运用了青铜装饰图案，尤其在"钟鼎春秋"的展区设计中，整个青铜装饰风格与陈列语言融为一体，和谐自然；在博物馆外廊的雕墙和雕柱上，红黑相间的饕餮纹图案构成了殷商宫殿形象的基本要素，在设计上采用后现代的表现手法，充分体现了中国传统的装饰艺术风格。在中国现代室内设计中，青铜装饰图案还用于墙饰和隔断等，使室内空间环境更加别有一番风味。

3. 建筑装饰图案

中国建筑装饰图案种类繁多，如瓦当、斗拱、门窗、屏风以及砖雕等雕刻和彩绘装饰图案，不但与现代中国室内设计中的形体组合相吻合，而且反映了浓厚的伦理色彩。为了达到传统与现代的和谐统一，就要以中国建筑装饰图案的原形作为设计元素，通过提炼、概括等手法，用不同的材质创新运用到现代室内设计中，因此，只有古为今用，推陈出新，才能使设计本身更加丰富，更加具有中国文化内涵。

民间剪纸和年画，对于中式室内装饰的发展产生深远的影响。剪纸装饰艺术具有典型的东方文化象征和强烈的民族地域特色，是深受老百姓喜爱的一种传统手工艺艺术形式，是装饰元素极其重要的构成因素。剪纸装饰艺术题材丰富、种类繁多，主要有窗花、喜花、灯花、绣花等花样，艺术样式取之于生活用之于生活，剪纸艺术图案大多是对事物原型的想象，通过艺术的手法表现出来。民间剪纸装饰图案大多是动物、人物、草木花卉等，锯齿形是剪纸独特的装饰语言。比如室内设计主要采用岭南剪纸装饰艺术、民间的漆雕工艺、琉璃和仿古家私来定位中式风格，沙发背景墙的灰镜与剪纸装饰艺术相结合做成的红色镂雕饰品，形成强烈的对比效果，强调了整个空间的视觉亮点，更加别具独特的中式韵味。剪纸装饰图案往往是形中有形、花中套花，使室内环境散发出喜庆、祥和、欢快、自由的生活气息。

年画是中国特有的一种装饰绘画，它同剪纸一样，都是传统文化的艺术表现形式，寓意喜庆祥和，深受老百姓的欢迎。在中国，年画又被称为"喜画"，中国南北方有著名的"四大年画"，由于南北方地域文化的差异，形成了不同的装饰内容和风格。

中国年画的艺术特色在现代室内装饰设计中体现得淋漓尽致，不仅直观的为人们营造了美观的居住环境，也展现了浓郁的民族地域文化内涵，给人带来审美的愉悦和情感上的震撼力。年画在室内空间的表现形式多种多样，可以直接用作家居装饰品，也可以做成屏风之类的装饰构件用来分隔空间，此外，在现代的时尚家居生活中，印有年画元素的靠垫、杯垫和茶杯等体现了中国装饰艺术的独特风格和文化内涵，深受人们的喜爱。

中国书画具有悠久的历史积淀，是中国独特的民族文化艺术形式之一，从古到今，在中国室内装饰文化的发展中，扮演着高雅、脱俗的角色。笔、墨、纸、砚是中国书画文化的物质和精神载体，对美好事物的情感抒发得淋漓尽致，用花卉类书画来装饰沙发背景墙，不仅给整个室内增添了古色古香的气息，也为美化装饰室内环境起了画龙点睛的作用。在现代室内设计中，中国书画除了有增加装饰氛围的作用外，还可以对人的身心健康有一定影响。例如，写有"自强不息、拼搏奋斗"的字画和绘有奔驰骏马的中式风格室内设计的国画，都可以让人产生积极向上的心态；"家和万事兴"的书画作品用作室内装饰品，可以起到促进家庭和谐的作用。由此可以看出，中国书画是室内装饰品很不错的首选，对于室内装饰文化的发展有一定的刺激效果。

京剧脸谱艺术是中国特有的一种装饰艺术，被看作中国装饰文化的标示物。京剧脸谱常用色彩和线条来绘制各种图案，常以蝙蝠、燕翼、蝶翅等图案来装饰眉眼面颊，突出表现人物的性格特征。在现代社会，京剧脸谱作为一种装饰纹样被移植到室内，散发出浓浓的东方韵味。比如某夜总会的室内设计方案，设计师将中国的国粹——京剧脸谱艺术融入其中，风格迥异的脸谱形象，对应着绚丽多彩的场地，传统与现代相结合，既矛盾又统一，给人完美的视觉冲击力，仿佛穿梭于古今，令人流连忘返。丰富多彩的中国装饰图案，象征了光辉灿烂的装饰文化，设计师应该吸取中国装饰图案文化的精髓，继承传统，发扬创新，在现代室内装饰设计中更好地发挥中国装饰图案的艺术魅力。

（三）装饰元素的材质

在室内装饰设计中，选用自然材质的装饰元素也是装饰文化的特色之一，无论是传统中式还是现代中式，都给人一种自然、亲近的感觉。具有中国民族特色的材质更贴近自然，其中最有代表性的几种材质是木材、石材、竹和藤等，不同的材质，质感和特性也不一样，在室内设计中，要注重材质之间相互协调和对比，营造和谐、生动的室内空间氛围。

1. 木材

在所有的室内装饰材料中，木材是和人类关系最亲近、最熟悉的一种，在室内外装修设计中被广泛应用。木构架是我国古建筑的主要建筑结构，随着岁月的流逝，逐渐形成了中国特有的一种建筑形式，可见木材与中国装饰文化的历史之间有着不可分割的渊源关系。自古以来，木材就是中式室内装饰的主要材料，除用于室内界面装饰以外，还用做家具、屏风、隔断、木雕等方面。木材能广泛用于室内设计，主要是由它本身所具备的特性决定的，木材自身不但具有很好的强度、硬度和韧性，同时也有舒适的视觉和触觉感受。传统的室内装饰以木为主要材料，现代的室内设计木材也是必不可少的装饰材料，像木地板、木雕刻等，显示出室内空间自然优雅的氛围，同时，木材与其他装饰材料结合使用，令空间别有一番"木"味。

2. 石材

石材也是装饰元素的重要组成部分，石材庄严、恒久的品质使其成为主要的室内装饰材料。

在传统的中式室内装饰中，青石作为主要的石材而被广泛应用，现在，青石以其美丽的纹理效果运用于室内，令室内空间极具个性审美情趣。除了青石以外，花岗岩和大理石也是现代常用的石材装饰材料，各种石材的拼接使用，使中式室内空间更具自然和古朴的艺术感觉。

3. 竹和藤

传统的中式室内设计中，竹和藤主要用于家具的编织用材，这主要与它本身所具有的韧性有关。竹藤家具在现代社会也是极具个性化的时尚家居，竹质家具富有天然的纹理质感，带给人以雅致、清新、质朴和典雅的感觉，具有浓郁而亲切的乡土气息。而藤质家具自然、舒适，洋溢着活泼温馨、清新典雅的味道，富有浓厚的田园色彩。

另外，竹藤也是一种生态环保的材料，对人的身心健康有益无害。在现代，竹和藤除了用作家居的原材料以外，还经常用来营造自然、宁静的室内环境氛围，比如，将竹子直接移植到室内，可以增添一些室内绿化效果，蔓延的藤条也可以作为个性化的吊顶设计，为室内空间增添了生机和活力。木、石、竹和藤是装饰元素中选材的典型代表，从材质的运用中，可以看出中国装饰文化崇尚"自然美、个性美"的倾向，自古以来，人们的生活环境每一刻都和大自然在交汇，这也是中国装饰文化能永久不衰的根源所在。

（四）装饰元素的精神内涵

装饰元素在室内设计中的表达，是装饰文化内涵的体现，具有鲜明的民族地域特色，中国装饰文化主要以传统文化思想为基础，推动着中国特色室内设计的繁荣和发展。尊重自然是中国装饰文化的精髓，在人类改变自然的活动中，自然界中的人造物是文化发展的产物，当然装饰元素也不例外，装饰元素的文化内涵是其在室内设计应用中的理论升华。

"天人合一"是中国哲学的基本精神，是传统美学的审美尺度，也是中国装饰文化的核心思想，这一思想主要强调了人与自然的和谐相处。儒家的董仲舒明确提出"天人之际、合二为一"的观点，被后人称为天人感应，天人同构，天人相通；道家对天人合一的思想也有独特的见解，认为人类应该尊重自然、顺应自然，实现人与自然的统一。

中国的"天人合一"哲学思想对中国装饰文化产生了深刻影响，同时也推动了装饰元素的应用和发展。具有中国特色的茶文化，盖、碗、托组成的茶盏分别代表了天、人、地的和谐统一，这是典型的天人合一哲学理念的体现。中国的室内设计注重处理室内外空间的关系，借景是中国造园艺术的主要手法，其目的是把室内外空间融为一体，实现天人合一的目标；近几年在中国流行的室内绿化设计，倡导生态环保和可持续发展的设计理念的同时，兼顾设计的安全感，这正是"天人合一"思想在中国现代室内设计中的典型运用。

装饰元素是装饰文化历史积淀的产物，是特殊的中华民族地域符号，只有深刻掌握装饰元素的表现手法，才能更好地运用到现代室内设计中。装饰元素的表达方法有象征手法、寓意表达、谐音变换几种。

（1）象征手法。在中国装饰文化艺术中，象征是一种常用的艺术手法，百度上阐述象征手法是借助某一特定事物的具体形象来表现一种抽象的概念和情感，赋予事物含蓄而有深意。

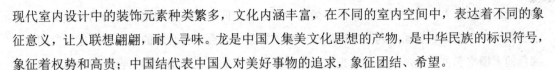

现代室内设计中的装饰元素种类繁多，文化内涵丰富，在不同的室内空间中，表达着不同的象征意义，让人联想翩翩，耐人寻味。龙是中国人集美文化思想的产物，是中华民族的标识符号，象征着权势和高贵；中国结代表中国人对美好事物的追求，象征团结、希望。

（2）寓意表达。寓意是某一事物寄托的特殊意义，和象征一样，也是一种常用的艺术手法。在中国现代室内设计中，传统寓意与现代时尚元素相结合，彰显了中华民族含蓄的内敛性和现代韵味感。装饰元素的寓意表达多来自民间故事和文学典故，是中国装饰文化发展的产物，是在劳动人们的生活实践中总结得出的。

（3）谐音变换。谐音，作为一种艺术手法，来源于我国悠久的汉文化。汉语中发音相同，但字形和字义都不同，这是汉文字谐音艺术的魅力所在，文字谐音的变化，不但丰富了汉文字语言，而且赋予了文字情趣和人性化，装饰元素的谐音变换表达是不可缺少的。中国人喜欢用谐音，这与中国人的生活习惯有很大关系。

现代家居空间设计的最终目的不是为了满足简单的居住功能，而是为了寻找舒适的精神家园，装饰元素的家居空间设计是建筑装饰艺术历史发展的结果，也是中国装饰文化观念的产物，中式民居是现代家居空间的典型代表，推崇返璞归真、天人合一的思想文化理念，符合倡导的生态环保和可持续发展的设计理念。但是由于社会的发展和现代人审美情趣的提高，中式民居的家居空间设计也开始发生相应的转变，从中式民居中提炼传统精华创新运用，形成以装饰元素为题材，以中国装饰文化为主线的特色家居空间。中国现代家居空间设计体现的不仅是中国人的生活方式，更是一种生活态度，其中装饰元素的大胆创新成为家居空间设计独特的风景线。

目前，在中国室内设计界掀起了一股"新中国风"的浪潮，现代家居空间中的装饰元素不是简单的复制，而是在当今中国装饰文化回归的背景下进行大胆的创新。现代家居空间设计顺应"重装饰轻装修"的潮流趋势，摒弃一切传统繁杂的装饰，追求现代简约的自然质朴。笔者将从几个方面进行详细的阐述。

（1）从古至今，中国家居空间设计讲究空间的层次分明，错落有致，给人带来一种节奏和韵律的美感，中式家居空间提倡自由地分割空间布局，不同的分割样式给人带来不一样的享受，在这里笔者列举了三种展现家居空间层次美的装饰构件。

首先，屏风不但可以阻挡视线、分割空间，而且具有强烈的装饰韵味。中式屏风，以透明、轻柔的材料为主，打破了传统的厚重感，保持了家居空间的通透性，营造出"隔而不断"的空间效果，同时在色彩和造型的运用上也突破常规，与现代的国际混搭风接轨，在充满现代气息的同时，又不缺少古典韵味。其次，窗棂又被称为窗格，不但可以有效分割家居空间，还可以调节空间氛围。玻璃墙中间装饰的中式窗棂，与绿色植物相呼应，在丰富层次的同时透着一股中式田园的韵味。再次，博古架也是中国装饰构件的重要组成部分，它独特的造型既可以隔断视线，也可以被用来摆放工艺品或书籍，给现代家居空间增添了不少古色古香的生活气息。

（2）在中国，现代家居空间设计注重局部装饰的重要性，显示出装饰艺术永恒的美感。家居空间中典型的局部装饰就是玄关的设计，玄关是人进入家居空间的第一步，反映了主人的文化品位，既可以遮挡视线，又能起到装饰的目的。中式桌上摆放一个青花瓷瓶，再结合圆形

的背景造型，让人一走进空间，就能感受到中式家居空间优雅庄重和现代时尚的完美演绎。除了玄关以外，在家居空间中为了突出局部一角的精彩，也会进行合理的搭配，在家居空间中，深色的木栅格和古典桌，细腻而又光亮的瓷器，与大大的红色中国结相结合，使局部一角充满浓浓的中国味道

（3）现代中式家居空间设计喜欢用相对简单、硬朗的直线造型，直线装饰不仅与现代人追求简单的生活相适应，也与中国装饰文化庄重优雅、含蓄内敛的气质相吻合，展现了中国装饰文化的博大精深，尤其是现代中式家具的设计，其造型的简洁也与空间布局形式有一定的关系。中式家具的布置讲究既要对称又要均衡，中式家具的色彩深沉，格调高雅，一般以黑、红两种颜色为主，材料以木、石、布艺为主，在古色古香的神韵中既简单实用又不乏现代气息。

（4）现代家居空间的后期配饰也是十分重要的，对整个空间精神氛围的创造起到画龙点睛的作用，这与中国家居设计的最终目的相对应。家居空间的后期配饰也被叫作家装软装饰，具有强烈的亲和力和表现力，具有东方韵味的软装饰品在家居空间环境中的运用，可以体现中国装饰文化高雅的气度，营造温馨、古朴的传统韵味。具有东方美的装饰元素融入现代人的生活态度，在家居空间中展现着艺术的魅力。

带有东方意蕴的装饰元素在现代家居空间设计中的运用，展现了中国装饰文化之美，也从感性和理性的角度含蓄地表达了中国人的审美情趣，推动了中国特色家居空间设计的发展，将传统精髓用现代语言符号融入中国家居，既符合消费者的生活方式，又彰显了独特的个性特征。

公共空间是现代人生活、社交、娱乐的重要开放性场所，也是重要的流动枢纽和使用集散地，公共空间面对的是世界不同民族群体的消费者，具有多样性和差异性，它的发展程度直接反映一个城市或地区的经济水平，随着中国经济的强大和东方文明的崛起，具有中国装饰文化内涵的现代公共空间设计越来越受到人们的青睐，同时也更加受到中国设计师的重视。

在现代公共空间设计中，具有东方意蕴的装饰元素种类繁多，需要合理运用才能体现出现代公共空间的个性化和现代感，同时深入挖掘装饰元素的文化内涵对现代公共空间设计理念的提升有一定的促进和启示作用。大胆创新运用装饰元素，不但可以丰富公共空间文化色彩，而且赋予了现代公共空间特色的中国化语言。只有在现代公共空间中创新运用装饰元素，再顺应实用和功能要求，才能形成具有中国民族地域特色的公共空间设计，下面我将主要从中餐厅、茶馆、酒店、酒吧、会所几个重要的公共空间场所来详细论述装饰元素的艺术文化魅力。

（1）中餐厅。中餐厅是以餐饮为主的公共消费场所，中国餐饮文化历史悠久，在世界上享有很高的声誉，对于弘扬中国装饰文化起着不可替代的作用。中国餐饮品牌的种类和口味繁多，形成了中国特有的八大菜系。中餐厅的室内空间设计以装饰元素为题材，以中国装饰文化为主线，不但可以深刻感受多姿多彩的餐饮文化，还可以领略自然质朴的民风民俗。

（2）茶馆。中国是茶的故乡，中国的茶文化历史悠久，是五千年华夏文明的艺术瑰宝。茶馆是人们休息、社交的公共场所，是爱茶者品茶、观赏茶艺的乐园，因此，茶馆又被称为"中国的咖啡厅"。在现代社会，中国茶馆被誉为一种时尚，一种流行趋势，茶馆室内空间的设计不但要美观，而且要把茶文化氛围的营造放在首位。北京老舍茶馆集茶文化、食文化和戏曲文化为一体，具有浓郁的中国装饰文化魅力和京味特色，既是展示中华民族文化的窗口，又是与国际友谊交流的桥梁。，设计师将北京四合院巧妙地引入了老舍茶馆的室内空间，古老的窗格，复古的墙砖，搭配绿色植物和形象生动的石雕，生动的老北京的景象映入眼帘，院内茶室中合理运用装饰元素，通过落地窗将内外景物融为一体，可谓是现代都市生活中的一方净土，在其中品茶，别有一番韵味。另外，红色在茶馆空间的大量使用，也给整个室内增添了不少喜气和吉祥寓意。

（3）酒店。酒店是提供住宿、饮食和服务的场所，在中国也被叫作宾馆、饭店等。虽然大部分现代酒店空间设计以西方设计理念为主，但是近些年来中式酒店尝试和成功的案例也不在少数，时尚的中国风装饰元素越来越受到人们的欢迎，尤其是在 2008 年北京奥运会前后，开始流行的四合院酒店，向世人散发着独特的中国味道。阅微庄四合院宾馆整个院落由连廊连接，手工彩绘配以精致的木雕，三十二间客房设计风格无一雷同，家具陈设主要是明清风格，木质的高架古床，雕花的太师椅，绣着龙凤图案的锦缎被褥，加上字画、古董和一些工艺品，处处散发着古色古香的中国风情，蓝白碎花的棉门帘，传递出古朴的情调。

（4）酒吧。酒与中国有着千丝万缕的渊源。酒吧是 20 世纪 90 年代从西方传入，并很快成为中国的一种休闲娱乐场所，所以到目前为止中国酒吧空间设计以西式为多，但这与中国人的品酒方式有很大差别，酒吧作为现代时尚的休闲娱乐场所，要想在中国能保持旺盛的生命力，就必须适当注入一些装饰元素，装饰元素含蓄优雅的文化品质与时尚娱乐相融合，体现出深层的审美文化修养，这样的酒吧室内空间设计既实用，又具有独特的中国味道。

（5）会所。会所是一种高级的综合性的康体娱乐服务场所，也是近几年新兴的公共空间，一般有商务会所和私人会所之分。在中国，由于装饰元素优雅富贵的气质，在会所空间设计中比较适合使用。九朝会是集餐饮、娱乐、商务及 VIP 服务为一体的中式顶级会所，其中昆曲的点缀是九朝会的亮点，昆曲是中国艺术文化的珍品，被称为百花园中的一朵兰花，具有典型的中国民族风味。

在现代室内设计中，装饰元素处处透着吉祥的韵味。吉祥观念在中国大地的繁衍和发展，形成了独有的吉祥文化，虽然时代在变迁，人们的生活方式和态度也在不停地发生着改变，再加上现代东西方文化的大融合，给中国装饰文化的特色发展带来了强烈的冲击，但是吉祥观念作为中国装饰文化的重要组成部分，在现代社会始终保持着旺盛的生命力，在中国人心目中仍然是一如既往的认识深刻，因此，装饰元素的吉祥观念对现代室内设计的影响，应该引起相关室内设计人员的重视和关注。

随着时代的变迁，人们的审美趣味也在不断地发生变化，就目前中国较热门的现代室内设计行业来说，装饰元素以其独特的艺术语言和表现形式越来越受到人们的喜爱和欢迎。装饰元素凝聚着中华民族悠久的文化精神，具有明显的地域性和民族性，在设计艺术文化多元化的发展趋势下，只有蕴含本土文化和民族特色的室内设计才能在世界大家庭中永葆生机，更具竞争力，同时也要吸收先进的外来文化，兼容并蓄，提倡个性化设计。装饰元素在现代室内设计中的运用不是生硬的延续传统，而是在现代审美基础上的创新，传统与创新的有机结合有利于促

进中国装饰文化的发展，因此，我们应该从历史文脉和现代时尚的角度全方位地研究和运用装饰元素，把装饰元素与现代审美结合起来，注入现代生活气息，建立中国室内设计特有的传达情感和意境的体系，使中国现代室内设计更富有个性化和现代感。传统与创新、传统与现代的有效融合是现代室内设计一直努力的目标，装饰元素在室内设计中的创新运用，不论在空间上还是装饰上都符合现代人的审美需求，与目前现代室内设计的发展趋势相吻合，虽然取得了一些成绩，但还有很大的发展空间，需要我们更好地发展和完善，只有不断地摸索和实践，才能真正找到中国现代室内设计独特的个性化发展之路。

提到染织装饰图案，我们不得不想到中国三大名锦：云锦、宋锦和蜀锦。随着丝织工艺的技术更新，出现了各种各样的装饰图案，染织装饰图案经过几千年中国装饰文化的洗礼，具有了吉祥、高雅、雍容的象征意义。新中式禅意空间设计，整个室内空间给人清新淡雅的感觉，中式家具呈现出来的多彩韵味，又让空间丰富而有变化，其中带有黑、红两色装饰图案的沙发靠垫，给人强烈的视觉冲击力，与画有竹子图案的黑色长毯搭配设计，别有一番新中式的禅风意味，成为整个空间的视觉焦点，让人深深感受到环绕其中的浓厚的中国情结，同时和一些具有现代时尚元素的造型混搭在一起，使沉闷的室内空间变得灵活而惬意。

中国民俗装饰物是装饰文化瑰宝中的珍品，具有鲜明的民族特性和很高的审美价值，随着历史的发展，成为积淀于中国大地的有形符号和语言。

装饰作为美化室内环境、满足人的心理需求的重要手段，是室内设计中不可或缺的重要组成部分。那么，室内设计中的装饰元素，可以理解为在室内空间环境中具有装饰性的元素。表现为一种动态过程的时候，是装饰室内空间环境的行为活动；而表现为一种静态属性的时候，它是一种艺术形态，如室内陈设、装饰构造等。它们共同作用于室内空间环境中是艺术品质的提升，以满足使用者对生活环境的审美需求。

二、纤维艺术在室内环境艺术创意设计中的应用

（一）现代纤维艺术的特征

1. 审美特征

表层审美 —— 表层审美特征是对形式美因素的总体感知，包括人们对纤维艺术作品的视觉形态的形、光、肌理、色彩等视觉要素的初步分辨与基本感受。现代纤维艺术就是以其特有的材质肌理与极富个性的表现形式，构成了其他艺术无与伦比的审美特征。这种美的特征是由纤维艺术的材料、肌理、形态、色彩等要素在空间形成的完整性，经视觉传达由人的审美心理感应来完成。它们之间既有相对独立的审美特色，又是相互渗透、交融统一的审美整体。

材料美 —— 材料间物理性的差异在表现中能产生各不相同的美感，不同种类的纤维材料所具有的物理属性形成了不同的心理感应，如：动植物纤维材料一般具有朴实天然的美；人造纤维材料一般具有弹性光亮的美；而实物材料则有实物特具的内涵信息的美。它们除了共同具有的柔韧的共性美以外，又具有不同质感的个性美。

肌理美——纤维材料的可塑性是它能够人为地、自由地被加工处理，由此产生了一种千变万化的美的视觉状态，就是肌理。正是这种肌理美造就了纤维艺术独特的空间美。

　　色彩美——建筑空间由于材料及工艺限制，色彩上趋于单一。而纤维艺术由于其材料特点，颜色十分丰富，创造出来的艺术作品颜色千变万化，具有十分强烈的色彩效果。建筑空间中局部运用纤维艺术作品对空间色彩进行调节，或协调或对比，极大地丰富了空间色彩。

　　形态美——现代纤维艺术常运用力的重叠获得深度，产生比物理距离还要强烈的空间形态美；运用力的渐变获得序列，创造具有节奏韵律的形态美；运用透视的抽象变形获得张力，形成具有动感的形态美；更由于新材料的介入，使其具有不定空间、不定动静、不定虚实的形态特征。时而粗犷浑厚，时而细腻逼真，时而飘逸朦胧，可以说纤维艺术的形态美构成了纤维艺术的空间美。不管是建筑空间还是纤维艺术，对于人们心理的影响以及由此产生的对空间美学的判断，都来自特定文化系统的暗示。这种文化系统包括人们对文脉的认同感，如在时间上保持历史文化的传承性，或在空间上保持与建筑其他空间，甚至城市环境的渗透性和连续性，或体现地域性、民族性和时代性的特点等等。文化系统赋予世界万事万物以情感。当建筑空间承载了一定的文化沉淀，可以唤醒人们最心底的共鸣。建筑空间为此而被赋予的某种"情结"，可以使它与人们进行情感上的交流。

　　纤维艺术作为一种个体，它自身有着独特、丰富的文化、艺术效果和内含生命力，但要想让这些自身的存在得以充分释放，或者说体现更有意味的魅力，就必须找到自身个体文化与系统文化的契合点，融入它所处的建筑空间，与环境构成一个统一和谐的整体。

　　成功的纤维艺术作品不仅能给人以明确的感受，使观赏者从其自身体会到丰富、深刻、隽永的感情和其中所表达的文化内涵，而且能强化空间意识，烘托场所精神，使人们在空间"穿越"中，按照自己的方式继续思考并体察创作者注入作品的情感因素，在对其美的辨识、欣赏中，也收获对空间的情感体验。

　　2. 地域文化特征

　　建筑本土文化是长期以来在一种相对原始和封闭的条件下，基于本土的文化、社会和自然环境特征所发展起来的建筑形式，是当地人文、宗教、聚落、自然环境属性和建筑材料、构造等的真实反映，也就是所谓的乡土文化，具有民俗文化、民族文化和传统文化的风格特征，体现了人与自然和谐相处的亲近属性。乡土建筑的生命力表现在对自然的顺应与融合，采用朴实的，通常也是最为经济的方法与手段，参与到自然的生态环境中去，通过对极端环境的适应，并与传统文化的互动作用，营造出传达民族与地域特色的建筑文化。比如，生活在蒙古高原民族的毡帐建筑——蒙古包，是北方草原游牧民族所特有的一种民居文化形态，经过千百年的发展逐渐成为富有民族特色的建筑艺术模式。它的原则是节约、轻便、实用、防风、避风雪、便于拆卸和搬迁等。蒙古人在寻找适合自己生活的居室的时候，经过千百年的摸索，终于造出了用木料、毛毡建造的造型独特的蒙古包。它不但能够经受大自然的考验，也非常适合游牧民族的生产和生活方式。又如，居室中床上方悬垂的帷帐，形成的虚拟空间弥补了室内的空洞感，

不仅可以防尘、挡风、避虫、取暖和装饰，而且能给人以领域感，具有加强私密性的作用，给人安定的庇护感觉。对于床帐的使用，不同地区、不同环境、不同文化背景下，存在不同的形式和目的。中国古代建筑讲究序列性和对称，室内空间较为宽广，因此在卧室、炕罩里常挂几层帐子，层层叠叠创造了一个安静舒适的小环境。

3. 空间媒介特征

现代纤维艺术是以各种纤维材料为媒介，构造的物质现象与精神观念和谐共存的统一体。这里所说的"媒介"包括两个层面的意义：一方面是自身观念表现的媒介；另一方面是空间与空间、空间与人、空间与作品等关系表现的媒介。

现代纤维艺术的这种空间媒介作用，既是传统壁毯等艺术形式空间要素的延展、交叉和发展，又是现代建筑空间建构与表现之使然，艺术、社会发展之必然。传统壁毯等艺术形式在空间范畴中的作用呈现为一个点或一个面的概念，现代纤维艺术在现代建筑空间的作用是以改善甚至是改变空间秩序的方式介入整个空间的。现代纤维艺术与建筑空间表现的区别又在于：建筑空间表现是对空间进行科学的、合乎使用要求的关注，强调的是使用功能、科学思考、符合现代技术发展的处理方法，当然也有理念与情感的表达；而现代纤维艺术的空间媒介作用主要表现在协调建筑空间与人的关系，强调观念与情感的表现，强调空间关系中的艺术效果和对人文因素的关注。

现代纤维艺术作为一种新的空间媒介形式，还有着自己的媒介特征，如：视觉的、心理的大于物理的，空间秩序、文脉决定其艺术形式，媒介材料特有的亲和性和组织结构的重复性等。并且，其媒介作用往往处于一种临界空间的状态，即它们不可能脱离特定的空间而存在，但又不完全属于建筑本体。当然，也正是由于其媒介作用的这种临界空间状态，使现代纤维艺术摆脱了传统空间观念束缚的同时，带来了形式、材质等方面的革新和表现自由。

实用性纤维织物——主要是指具有实用意义的织物。在日常生活中，这类纤维织物种类繁多，常见的有窗帘、地毯、帷幔、靠垫及室内蒙面、覆盖织物等，多用于居住空间中。其实大部分的实用性纤维织物都是既满足实际的功能需要，同时又具有美化装饰的功能。这类纤维织物的成本较低，易于更换、清洗，使用起来也更加方便。它们不仅能起到遮光、防尘、吸音、保温等作用，满足人们的生理需求，使室内环境更加健康、舒适，而且柔软细腻的质感和装饰精美的审美价值，也直接影响到人们在居住环境中的心理感受。

装饰性纤维织物——主要是指无实用价值或实用价值小、主要用于美化环境的纤维制品。在现代建筑的室内环境中，装饰性纤维艺术的种类繁多，主要有旗帜、彩绸、伞罩、篷布、挂饰等。它们较多的是为了烘托环境气氛，丰富空间层次，反映使用者的审美情趣，甚至起到炫耀权势或财富以及宗教精神、心理需要的作用。

（二）纤维艺术与建筑室内空间环境的相互影响

现代纤维艺术对于空间的介入和创造与其所在的空间结构布局、空间视觉秩序具有相互依存，相互调整的关系。如果一件纤维艺术品在人与环境，造型手段和装饰效果等方面在空间环境中发挥其作用，无疑，它是整体艺术在空间再创造的力作；另一方面，如果一件纤维艺术作品不顾或忽视其所在空间的整体性，只是一味地利用技术绝招和迷人的装饰手段达到设计者本身所要表达的艺术观念，那么它已经毁坏了所处空间的环境氛围，也失去了其存在于这一特定空间中的必要性，其本身可能也就成为一种可有可无的"赘物"。由此可见，现代纤维艺术的创作与其表达载体之间的关系具有从属性和限定性。现代纤维艺术创作观念的表达是无法超脱它所属特定空间环境的，艺术家要根据空间的特定情况和特殊要求进行自我观念的传达与表现，使其作品能与空间氛围相互融合与相互衬托。两者之间的关系，永远是相互制约、相互适应的。

1. 建筑室内空间环境对现代纤维艺术创作的制约。随着现代纤维艺术走进建筑空间，纤维艺术家们开始不断拓展自己的表现领域，力求穷尽纤维艺术在空间表现的各种可能性，把自己的创作观念以空间的形式充分展现出来，有几届洛桑双年展上也出现了一些只顾及展出效果而与建筑空间不大协调的作品。现如今，纤维艺术与建筑空间的关系得到重视和思考。纤维艺术作品要适用于现代建筑空间环境，必须要充分考虑现代建筑空间的各种因素和整体空间的设计理念，因此，纤维艺术无所羁绊的自身特性必须得以制约。

纤维艺术品并不是室内空间的一种消极适应物，而是必须经过精心设计的，合乎室内空间规律，与室内空间以及各环境要素之间相互配合的一种有机整体的设计。在室内空间中，纤维艺术本身不仅是精神的物化形式，也是对特定室内环境进行调节的重要手段。因此，现代纤维艺术在创作内容、观念表达形式等方面在客观上必然受到室内空间的限制。

2. 纤维艺术对室内空间秩序的调整。哲学把世界分为物质与精神两大范畴，建筑空间问题是"物质"问题，是"实"的。相对于建筑空间，纤维艺术是"精神"的，是"虚"的，它们在空间中的实质问题就是空间秩序问题。空间秩序是一种解决空间、结构、细部的建构方式，涉及尺寸、比例、材料、构成关系等问题，它的正确使用将影响到每一个使用空间的质量，合理的建造空间是一种自然的生长，而非刻意的拼凑。现代纤维艺术与空间秩序的关系，相当程度上取决于上述建构关系的安排，只有这样才能打破现代纤维艺术与建筑空间的对立，使之成为完整的统一体。

首先，现代纤维艺术可以对室内空间进行调整，使空间关系更加均衡，缓和建筑空间中一些不协调的因素，从而改善和弥补人们对室内空间视觉上、心理上的不足等。比如，空间的大小、高低等尺寸不能如愿时，利用纤维艺术品来协调室内空间的各部分关系，使室内空间在视觉上更加协调，更加宜人。如可以利用一幅大面积的或者是几幅相连的纤维壁挂对墙面的位置、形状和大小等方面进行调整统一；对已有空间的形状、高度不满意时，也可以通过布置装饰织物进行弥补和衬托。

其次，纤维艺术具有空间导向功能。它能引导人们从一个空间到另一个空间，一方面保留着对一个空间的记忆，另一方面怀着对下一个空间的期待，建筑空间的渗透、流动和引申，使布局既有水平序列层次的变化，也有垂直序列层次的变化，创造一种随观看者角度的转移而畅通无阻的流线。如在大型建筑空间中，可以借助平面形态的纤维艺术品（如地毯）的铺设方向，或通过楼梯处装饰高低错落有序的壁毯或挂件形式，获得空间导向。

再次，纤维艺术还具有分隔、联系空间的优势，可以弥补建筑功能的某些缺陷，更新环境，从而营造新的建筑空间。现代建筑内部设计趋向于流动的，具有可变性的空间，合理地利用纤维艺术制品就能达到这种要求。如悬帘式、屏障式是划分室内空间纤维装置常用的形式，这些纤维制品对分隔空间具有很大的灵活性和可控性，既能做到空间的流通、开敞，又能自由分合纤维艺术对空间精神的强化。建筑的空间环境与物质形态和精神形态相联系，与人的活动相联系，还与人的经验和生活幻想相联系。空间因为人而有情，空间环境作用于人，有时人也将自己的心情作用于空间环境。当我们进入空间时，空间环境会给人以开敞、封闭、流通、拥堵等功能性感受，但环境中的一件纤维雕塑、一幅纤维壁挂，其具体的表现内容会深刻打动观者的心灵，继而使人们对整体环境产生连带印象。

因此，建筑空间是人类情感的物化体现，被赋予不同的人文精神，体现出不同的意境和情调。纤维艺术以其独特的艺术性和文化性使建筑空间产生不同的精神寓意，缩短了人与建筑之间的距离，加深了空间情感的表达。

3. 纤维艺术对空间物理环境的调节。室内空间的物理环境主要包括声、光、热等，这些因素直接影响到室内空间的质量。有些纤维材料质软、吸声，如办公空间的地毯，歌剧院内部的软包；有些纤维材料具有一定的通透性，可与室内照明结合使用，防止眩光产生。这些特点都是玻璃、石材、金属等无法与之相比的。

4. 纤维艺术体现的生态意义。关于生态设计，传统民居蒙古包在所用材料、搭建方式、结构方式等方面已经给予我们很多启发，可以说纤维材料的合理运用在生态方面具有其他建筑装饰材料（如砖石、金属、玻璃、石材、木材等）不可比拟的优势。如可塑性强、质轻、灵活，便于加工、安装、拆卸，搬走后不仅不会产生过多的建筑垃圾，还可以循环使用旧材料，而且一般纤维材料的价格也较为低廉。在设计活动中不仅可以节省人力、物力、财力等社会资源，而且不会严重破坏资源环境。

深入探究并总结出现代纤维艺术的主要特征，包括材料、审美价值、地域文化性、空间媒介特征四个方面以及纤维艺术与建筑室内空间环境之间的相互关系，包括后者对前者的制约及前者对后者的作用，可以发现纤维艺术介入室内空间中的必要性以及潜在的优势：首先，纤维艺术以其独特的感官效果，亲和、自然的特性，可柔化生硬的混凝土空间，并消除单调、无表情的建筑给人的压抑感和冷漠感，更易于创造出富有"人情味"的自然空间。其次，其独特的艺术魅力赋予空间一定的意境和情调，加深空间情感的表达。再次，纤维制品可灵活的对空间进行分隔和组织，丰富空间层次，使空间灵活多变。最后，可改善室内空间声、光、热、风等物理环境，以及蒙古包给我们的启示是纤维材料的合理运用具有一定的生态意义，这是其他装饰材料所不可比拟的优势。

任何一种材料或者艺术形式被应用于建筑室内空间中，都有其优势和劣势。充分利用自身的优势，弥补劣势才能为其应用领域拓展更大的空间，提供更多的可能性，是纤维艺术也不例外。

三、纤维艺术在现代建筑室内环境中的设计原则和设计方法

（一）个性化原则

这里所说的"个性"的概念，在一定程度上是指现代纤维艺术家以纯粹的表达个人情感为基础的特性。从表达动机来看，艺术家的创作往往是为了表达个人对现代艺术的理解或者某种特定的感受，因而作品关注的是如何传达属于艺术家个体的体验或理念。

个性和共性是相对存在的。对于纤维艺术的共性而言，在一定程度上可以看作是现代纤维艺术作为公共艺术的一个门类所具有的社会属性。现代纤维艺术品进入建筑内部空间时，它便和空间的诸多因素发生了关系。正因为纤维艺术具有不定虚实、不定形态的灵活性，使它可以成为既需要制约、更可以随意发挥的艺术形式。制约性和任意性在矛盾中升华发展，最终达到共性与个性的和谐统一。21世纪将是一个公众的世纪，公众参与到公共事物中去的主动性将大大加强，艺术与公众的距离也将越来越近。一方面，人们在生活中可以随时感触到它们，使公共环境中的纤维艺术与人们感观的交流非常和谐而自然；另一方面，公共艺术对人们的影响往往是带有某种渗透性、导向性的，同大多数的公共艺术一样，现代纤维艺术对人们具有潜移默化的艺术影响力。在这个意义上，如果纤维艺术以公共艺术的形式进入公共空间，不仅为公共环境设计开辟了新的思路，也为纤维艺术更好地展现自己的个性提供了新的契机。在室内设计方面，现代纤维艺术常应用于酒店、展览馆、博物馆等现代公共性建筑环境中，艺术家需要通过对建筑空间进行观察、思考、分析后，利用纤维材料，以独特的表现手法创造一种新观念的艺术，具有艺术家的主观意识和纯艺术的个性。在其被放置于公共空间中，充分体现纤维艺术公共性一面的同时，能使观者感受到艺术家浓郁的个性创作追求。

把艺术家个性观念的表达与纤维艺术公共性相联系，是为了说明，无论是室内环境还是室外环境，纤维艺术的特征以及艺术家的创作观念与具体环境之间相辅相成的、相对的统一关系。纤维艺术只有借助公共环境这个广阔的平台，才能更好地展示、突出自己的个性，发挥自身的艺术价值，同时深入人心，被公众认可、接受，在提升生活品质、满足精神文化需求、促进各方面建设等方面发挥更为重要的作用，从而实现自身的社会价值。而且，现代纤维艺术在表现自身艺术观念的时候，纤维艺术的公共属性和艺术家"个性"观念表达的艺术形式之间的矛盾，也需要在创作及应用过程中不断加以平衡与解决。

（二）融合性原则

现代纤维艺术创作很重要的一点就是要与环境协调，使整体环境在功能、视觉、精神等方面达到和谐统一。纤维艺术创作并不是只考虑自身整体的协调问题，而且要考虑到外环境——背景，包括建筑样式、体量、色彩、空间环境的性质、环境设施特点、环境的文化背景、历史传统、人的活动等等，从而找到一个最合适的"符号"。建筑空间的艺术感染力是由建筑环境各因素总体构成来实现的，不能把建筑艺术只局限于外部处理，而忽略了空间与环境的整体艺术质量。现代纤维艺术和建筑室内设计分属于两种相去甚远的艺术创作范畴。要将现代纤维艺

术成功地介入室内环境设计中，必须要考虑建筑环境的实体结构要素，包括纤维艺术品在特定建筑内部中所持的空间位置、结构比例、尺度大小等因素所决定的现代纤维艺术与建筑之间的空间结构关系，以及现代纤维艺术的形式要素（点、线、面、肌理、色彩的构成）与建筑内部实体的形式要素共同作用所生成的新的艺术形态在表现上的整体关系。只有将现代纤维艺术与建筑处于统一而整体的结构关系中，才能促使环境整体功能性的提高和视觉效果的改善。这就要求介入建筑室内环境中的纤维艺术创作与建筑空间处于统一而整体的系统关系中，要求创作者的注意力从对纤维艺术本身的关注，转移到对纤维艺术与建筑空间之间系统关系的处理上，从构思起就要有意识地将作品自身放置于特定的建筑空间中，注意从整体的关系上来把握好设计方向，实现现代纤维艺术和建筑室内空间之间各结构要素、形式要素的并行、综合、交融，从而创造出和谐统一的室内环境。

（三）人性化原则

当物质需求得到满足时，精神需求便成为下一个动机。经济的迅猛发展，使人类有条件、有愿望超越物质、功能的层次，产生对更高层次的精神享受的需求。然而崇尚技术、追求物质的工业时代过后，发展了的物质生活却没有相应层次的精神生活与之匹配，反差的逐渐增大和矛盾的日益激化，必然将导致新的平衡点的诞生以及相应的社会文化心理的形成。反映在建筑领域的创作观念上，那就是：开始注重人的因素，开始关心空间使用者的生理、心理乃至情感的需求。

室内环境是人们生活和工作最为密切的场所，人是环境的主体。在室内环境设计中，遵循"以人为本"的设计原则，处处体现对人的关怀，组织各种为人所用、为人所体验的人性空间，使人们能通过各种行为活动，获得亲切、舒适、愉悦、安全、自由、有活力、有意味的心理活动。这种主导思想已经开始广泛而普遍地体现在当今设计作品之中。也正是在这种思潮的驱动下，各种有关人类的新兴学科风起云涌般发展起来，如人类工程学、环境科学、行为科学、建筑环境心理学等等，它们以各种角度，从不同方面分析人、研究人，为"以人为本"设计原则提供了科学依据和研究手段。一方面，纤维艺术作为一门"温暖的艺术"，具有相对柔软的触觉和视觉感，柔和的色彩变幻以及不定的构成形态，增添了室内环境的艺术气氛，并重塑了室内环境的人文形象。

人们生活在钢筋、水泥、玻璃构造的空间环境中，对天然的材质或具有返璞归真特性的艺术形式有着本能亲近的愿望。比如棉的质朴，麻的粗犷和丝的细腻、温和，唤起了人们崇尚自然的美好情怀。另外，自然、亲和的纤维材料与冰冷的大理石、透明的玻璃、发光的金属、坚硬的陶瓷等，形成了丰富多彩的材质对比和协调全局的艺术诱惑力，在机械、无人情味的现代建筑空间中，具有一种易于令人感到亲切、温暖和谐的美感，调剂和弥补过于理性的现代生活，营造轻松愉快的气氛，减轻人们的压力，让浓郁的人性和艺术气息与建筑空间相互融合。

更为重要的是，这个具体可感的艺术形式在填补了空间中的视觉盲点的同时，还将给我们创造一个实体空间上的心理的精神空间。而且，现代纤维艺术以其自身内在的精神张力，不仅给其自身带来了无限的伸展空间和生命活力，也给我们的生存空间注入了勃勃生机。人性化是一个科学的概念，是很客观的东西，是社会发展及人类自身的更高追求，人性化设计包含人情味，但不等于人情化。现代纤维艺术以其自身亲和、温暖、自然的材料特性，使其介入现代建筑空间具有一定的优势，但不管是室内设计师还是纤维艺术创作者，只有用心地去关注人，关注人性，才能以饱含"以人为本"精神的设计和作品去打动人。

（四）生态补偿原则

现代科技的高速发展所带来的环境危机引起了人们广泛的思考。在生态意识方面，现代建筑已给予其较多的关注，在纤维艺术方面还应给予越来越多的重视。在主要服务于人类和社会发展的设计活动中，负干扰是绝对的，正干扰是相对的，减少负干扰的设计就是具有生态学意义的设计。较之常规设计，有意识地考虑设计过程和结果对自然环境的破坏和影响程度，并尽可能减少负干扰的设计方式或设计措施即被称为"生态补偿设计"。生态补偿设计要求人类能自觉地调整自身的需求和价值观，不断地改造自身，规范自身的行为，同时运用人类的智慧和能动性，使自然摆脱艰辛而缓慢地自发进化过程，实现人与自然的协同化。这种"补偿"实际上是从"生态学"角度对原有的设计原则的一种补充和发展，是设计师和专业工作者应有的态度。一方面，纤维艺术家在进行创作时，已经深深表达了对生态问题的关注。例如，把一些废弃材料、现成品材料运用于纤维艺术的创作中，如报纸、服装、拉链、伞具、靠垫等纤维制品，这些都是生活中最普通的东西，随处可得。从人们的认知角度来看，废旧材料、现成品材料本身的实用价值与实物形态已具有一种固定的概念停留在人们的脑海里，而经过艺术处理后则要改变它们原有的社会价值，使它们成为一种独立、新颖的艺术形态重现在人们面前。

另外，在设计过程中，不可忘记无彩色系（金、银、黑、白、灰），依靠无彩色来划分与平稳有彩色系；在设计手法上，利用二维空间的构成，如对比、调和来形成三维空间的视觉效果；利用色彩的诱目性，可以突出纤维艺术作品中构成空间要素的色彩，利用节奏、韵律来表达与空间的色彩协调。总之，在环境中需依照主次区别对待的原则，如果处于主体位置，应加以突出，其色彩要与背景环境形成适当的衬托关系，否则二者就会容易混淆，不利于增强视觉层次感。

和传统壁挂不同，现代纤维艺术的材料摆脱了经纬的束缚，人们运用缠、盘、结、挂、贴等手段，所产生的肌理被称为自由结构的创造性肌理，它使纤维艺术的张力向着自由的空间延伸。

丰富的纤维材料带给艺术家广阔的创作空间的同时，也激发了艺术家无限的创造力。艺术家可以根据材料的自身特点，有意识地对材料进行加工处理和再创造，从而更好地展现其本质的肌理美感。艺术家不仅要具有对不同材质灵敏的感悟，还需要把握表现不同材质的手段，使之最终达到理想的肌理效应。首先，相同的材质经不同的表现，改变原有材料的表面属性，获得新的肌理。如藤条的纤长、光滑和韧性是人们熟知的，但在艺术家的表现中染色的藤条经独特的编织后，可变成内光外毛、难以触摸的肌理形态。人们惯用的纸张具有轻薄而光滑的特性，然而在艺术家的创作中，却能让人改变对它固有的概念，表现出另类异常的肌理：花色纸在搓、折、编、盘的过程中，使纸质原有的单薄变成了如麻棉编织那样坚实的肌理；还可以将天然纤维经特殊工艺处理，模压成一种奇特纹理褶皱的纸，创造具有厚重感的浮雕式样的作品。这些材质在艺术家的创作中虽然都未改变其自然属性，但通过独特的表现，却产生了全新的肌理效果。

其次，利用材料属性的矛盾关系对软硬材料进行组合，经过对材质特性的强调与转化处理，产生与众不同的肌理特征。在现代建筑空间常见这样的装置：选用金属管与人造纤维的组合，闪亮冷漠的钢管被包缠的各色纤维柔化，形成一个挺拔亮丽而又弯曲柔和的空中形态。从建筑学的角度讲，室内设计包括三方面：空间设计——以人的行为为基础，以人的使用功能为依据，进行室内空间组织和流线安排。装饰设计——是对室内空间的各界面根据美学原理，运用光、色、材料等进行美化处理。陈设物品设计——主要是对诸如家具、生活使用品、装饰小品、灯具造型、绿化等的设计与选用。空间设计是室内设计的核心，是装饰设计与陈设设计的依托主体，而装饰设计能使所依托的主体更加丰富，陈设物的艺术品质也可在室内空间中得到认可和升华。

目前纤维艺术更多的是作为"装饰设计"或者"陈设物设计"的角色为室内设计所用，虽然为室内空间效果起到了不容忽视的作用，但这些使用手法并没有从本质上触及空间。

室内空间作为建筑的一个构成要素，其自身亦是由许多要素组成的系统，如空间形式、视觉环境、室内物理环境（包括声、光、热等）、色彩体系、设计风格等等。当纤维艺术制品应用于室内环境中时，就要从室内设计的角度出发，考虑室内设计所讨论的各种因素，如空间的布局，尺度与比例的范围，光照与通风等。只有当室内空间中不同层次的子系统和要素进行有机组织，才能满足人们多方面的需求。

首先，利用纤维材料质轻易悬垂、灵活可塑等特性，使其依附于建筑内部的顶面、墙面、地面以及各种结构（如梁、柱等），来调整室内空间的尺度感受，协调室内各部分的关系，同时也能弱化建筑空间的物理性，改善、弥补空间的某些缺陷和不足，使室内空间更完整、更协调、更宜人。其次，利用纤维制品对空间进行限定、分隔和组织。如有些新型纤维材料具有一定空间可塑性（金属线、塑料绳等），通过这些纤维材料自身的物理性能实现对空间的分隔；合成纤维不用借助任何外力（拉力、支持力等）就能使纤维材料形成包覆空间的结构造型，在视觉上达到再造空间的无限循环往复的效果。那些常用于界定、调节建筑空间的悬帘、帷幔、屏风等纤维制品，可根据一定的空间造型取向，灵活地进行空间围合、弹性分隔等艺术处理，旨在创造更好的建筑内部空间环境。对于空间跨度较大的公共场所，可采用垂性极佳的纤维材料，进行极富想象力的悬垂式围合处理，在解构母空间的同时，也在重构若干似聚似离、若隐若现的子空间，这样既丰富了空间的层次，又保持了原有空间的完整性。再次，室内物理环境（包括声、光、电等）是室内空间中一个重要的构成要素。纤维材料的某些特性恰恰可以为弥补室内物理环境的一些缺陷，营造良好的室内环境起到积极的作用。如在室内空间中使用一些纤维制品如地毯或墙面软包等，可起到吸音的作用。

也可将具有透光性的纤维制品与室内照明结合起来，以减少建筑照明眩光，并产生柔和雅致的视觉感受，使置身于空间中的人们感受其中，令室内光线更加柔和舒适。另外，纤维材料也可与灯具结合起来，利用纤维材料可塑性强的特性，将传统的材料以多变新颖、更具艺术性的造型示人，既具有一定的照明功能，又具有一定的艺术观赏性，营造出独特的空间效果。

另外，材料是室内设计中一个极其活跃的元素。现代室内设计对材料的运用也更趋向于多元化。一方面，纤维材料在室内空间中，与石材、木材、玻璃、金属等材料形成各具特色的形态。另一方面，纤维材料种类繁多，并以其特有的融他性、灵活性、可塑性等可与其他材料相结合使用。比如通常所见的，在现代感十足的室内环境中，多采用石材、金属、玻璃等材料，局部使用地毯、布艺等质地柔软的纤维织物，可以调节室内空间的材质对比，形成对比统一、变化丰富、悦目舒适的空间环境；将丝绸等软质、易燃的纤维织物与玻璃等其他材料相结合，用作隔断或屏风，既满足了防火要求，又能使室内环境体现出独有的地方特色和文化气息；将木材与藤、麻等纤维材料结合使用，可为空间营造出或古朴或粗犷的自然之美。

毫无疑问，个性化的形象能激活整个建筑空间，使之成为整个空间的"视觉焦点"。，现代纤维艺术与建筑室内空间的融合，包含了自身的整体性和协调性，还有与周围环境的融合关系，纤维艺术无论是作为独立的艺术形式还是作为室内设计所要考虑的某个因素，都必须要考虑到整体性和融合性的原则。当物质需求得到满足，精神需求便成为下一个动机，人性化原则正是体现了超越物质、实用、功能的层面，而进入更高层次的精神追求。而纤维材料自然、亲和的特质也恰恰为其在室内空间中体现人性化的一面提供了优势。从体现传统游牧文化的蒙古包建筑，我们不难看出，其所用材料、结构方式和搭建方式等已经生动体现了当今设计领域中备受瞩目的生态意义。利用纤维材料可塑性强、便于拆装和更新、价格低廉的特点，拆卸后不会产生过多的建筑垃圾，而且材料可循环使用，有意识的考虑设计过程和结果对环境的影响程度，尽可能地减少负干扰，纤维材料的这些特性体现了生态补偿设计的基本原则。

在建筑室内空间中纤维艺术的应用，从构思起就要有意识地将自身放置于特定的建筑空间中。室内设计是一个系统，考虑的因素很多。空间设计是核心，是装饰设计依托的主体。一直以来，纤维艺术给人以自然、亲和的感观印象，并以此顺理成章地介入了呆板、冷漠、无表情的建筑空间。无论在西方还是东方，传统纤维艺术以壁毯等织物形式介入古建筑，已有几千年的历史。目前，现代纤维艺术作为一种独立的艺术形式，发展已相当成熟。作为装饰艺术品介入建筑室内空间，美化环境，展示其艺术魅力，发挥其审美价值，这是无可置疑的。而且，在人类与被称为"居住机器"建筑的交流与对话中，现代纤维艺术成为最温暖、最自然、最和谐的介质体现已受到广泛关注。加之，现代纤维艺术强调与空间环境相得益彰的创作主旨，力图在空间中挖掘并表达其艺术观念的个性风格，等等，这些都为现代纤维艺术成功地介入建筑室内空间提供了坚实的基础。而从建筑学的角度讲，室内设计并不是一般意义上的室内装饰，两者实际上是有区别的。装饰的原义是指"修饰；打扮"，而室内装饰"是着重从外表的、视觉艺术的角度来探讨和研究问题"，例如对室内的地面、墙面、顶面等界面，以及门窗等构件进行艺术性的处理。这无法涵盖真正意义上的室内设计。

在我们看来，真正意义上的室内设计是根据之前宏观的建筑设计所确立的建筑物的使用功能和美学要求，对建筑物的内部进行综合的环境设计与规划，这其中包括对空间美学和建筑技术方面问题的处理，对声、光、热、风等室内空间物理环境的设计，以及对空间氛围、空间意境等心理环境的营造，等等。可谓是一个融技术性和艺术性于一体的内涵极为丰富的专业领域。目前多数纤维艺术制品在室内设计中的形式，是以壁面挂毯、地毯等二维形式，软雕塑等三维立体形式或居室中的软装饰为主。更多的是从工艺美术或装饰艺术的角度出发，而没有抓住室内设计的本义，真正地为室内设计所用。纤维艺术和室内设计实际上是分属于两种相去甚远的艺术创作范畴。要实现纤维艺术真正意义上为室内设计所用，必须以室内设计为根本出发点，结合室内设计所涵盖的内容，把握一定的设计原则和理念，运用设计学的方法，从一开始的概念构思介入，抓住室内设计的本义，从更深层次、更广角度发挥纤维艺术的价值，而不仅仅是装饰层面的"作秀"。随着材料和技术的发展，纤维艺术在室内设计中的应用相对于传统形式已经有较大的突破和发展。

第一，概念的创新。室内设计中的纤维艺术并不是只能以独立的艺术形式出现，才叫纤维艺术。之所以为室内设计所用，就是要突破这种独立的艺术形式，使现代纤维材料通过各种设计手法，结合室内设计过程中所要考虑的各种因素对其加以创新性应用，最终在室内空间中以一种艺术的形式出现。这将大大拓宽纤维艺术概念的范畴，超越装饰层面，为两者相结合带来更多的契合点。第二，材料的突破。在室内空间中，现代纤维艺术已经不仅仅定义为将传统纤维材料（如毛、棉、麻、藤等）通过编织、缠绕等手法制成的艺术品。而是将纤维艺术的状态提炼出来，即长度比直径大很多倍的"线性"或"线性感"的材料经过设计手法的处理都属于纤维艺术的范畴，比如文中所提到的金属丝、金属链等的使用。各种材料只要体现了纤维艺术的状态，都可以加以运用，必定为纤维艺术在室内设计中的应用带来更多的可能性和活力。

第三，技术的支持。在建筑界，目前兴起了一股膜结构建筑的热潮。膜结构建筑是提炼了纤维艺术柔软、亲和的感觉，将坚硬、厚实的混凝土外墙变为轻透、柔和的软性外界面，正是高水平的建筑技术（包括建筑材料、建筑施工、建筑管理等方面）的支持，使这一概念变为现实。所以，未来纤维艺术创新性的应用必定离不开各方面技术发展作保障。

纤维艺术以多种形式介入建筑室内空间，无论是独具艺术魅力的独立的艺术作品，还是纤维材料在室内空间中的创新性应用，都有利于在一个更为宏观的视野中发展自己，拓宽自身的应用领域，让更多的人去了解它、认识它，从而真正做到纤维艺术在室内设计中应用的有益推广。

现代纤维艺术在室内环境中所呈现出来的是一种物化了的现代审美意识，它不但要包容其创造者的天赋、气质、素养、人格和情感，更重要的是体现和加强室内空间所要求的可人、乐心之特定功能。为了更好地体现在一定空间中的人的生活情趣和人的价值，我们要合理地利用纤维艺术来装饰一个理想的空间。在这个空间中，将以人的心理的满足极其舒适的生活作为创造空间的目的，同时在服务于人所需要的特定空间的基础上，把握好审美和自身所属的层次分寸。因此人在室内环境中，心理与行为尽管存在着个体之间的差异，但从总体上分析依然具有共性，依然具有以相同或类似的方式做出反应的特点。众所周知，在我们生活的环境中，有许多因素都能引起个体的反应，如噪音、拥挤等都是引起反应的应激源。应激源还包括工作压力、婚姻不合、自然灾害、迁移到另一个居住环境等，当人感到面临挑战而应对能力不足的时候，就会产生应激反应。环境心理学将令人不愉快的环境刺激所引起的紧张反应称为应激，应激就是个体对环境因素做出的反应，它包含主观反应和客观刺激两个方面。因此也可以说，这些引起应激反应的环境刺激就是应激物。这个反应包括情绪反应、行为反应和生理反应。当然，同样的刺激在某一情景中不会引起应激，而在另一情景中则可能引起应激，而这些刺激本身并未有所改变。

周围环境的刺激对人产生的直接效果就是提高唤醒水平，无论刺激是令人愉快的还是不愉快的，对提高唤醒水平的作用都是相同的。唤醒理论认为，环境中的各种刺激都会引起人们的生理唤起，增加人们身体的自主反应。在神经生理学上，唤醒指在刺激作用下通过脑干的网状结构提高大脑皮层的兴奋性，同时加强肌肉的紧张状态。大脑可能处于不同的唤醒水平，唤醒可以被描述为连续变化的过程，其一端为困倦或睡眠状态，另一端为高度觉醒的兴奋状态。唤醒在生理上的表现是自主活动的提高，如心率加快、血压升高、呼吸急促、肾上腺素分泌增加等。行为上可能表现为情绪的变化和体力活动的增加。唤醒其实就是激活处于"休眠"状态的各种身体活动，使它们达到活跃状态。唤醒水平也称激活，决定了情绪的强度，而认知和评价则决定了情绪的形式，一定的唤醒水平总是伴随着某种情绪状态，维持平静持久的情绪状态就是我们平时所说的心情。周遭环境的情感性质是个人与环境关系中最重要的部分，因为它是决定于场所相联系的心境与记忆的主要因素，它不仅影响个人当时的情绪、绩效，甚至影响个人长期的心境和健康状况。相反，当个人被特定的刺激所唤醒而引起注意时，就有可能在好奇心的驱使下企图对环境的某种不定性，即知觉矛盾通过探索而做出解释，这时所发生的行为就是特殊探索。两种探索行为都是人的需要。相对而言，前者较为轻松自然，后者相对紧张和集中注意。人正是在这两种探索行为交替发生的过程中，与环境相互作用，既了解环境，也了解自己，增长智慧，提高适应能力。

在自然与人工混合的环境中，人工要素的位置和空间布局对总体环境的和谐起着重要作用，自然要素占优势而人工要素未破坏自然环境和谐性的环境仍被认为是美的。如今，纤维艺术在建筑环境中受到青睐，主要是由于纤维材料作为一种自然的象征，是人与自然联系的符号语言，采用棉、麻、丝、藤、葛等天然纤维所创作的作品正是以那份亲切与生命力，传达给人们自然的气息。用这种语言进行表达的作品蕴含着人与自然深厚的情感，拉进了人们与大自然的距离。纤维艺术出现在建筑环境中，也是当今设计界"环保"主题的具体实现。在进行不同环境设计时，纤维艺术设计者需要考虑最优唤醒水平和最恰当的环境刺激对照特性。那些充满复杂性、神秘性的室内环境设计能诱发和维持探索的动机和兴趣，正是这些新奇、意外的纤维艺术品被放置在室内环境中才使人们探索的好奇心得到满足。"室内环境的布局不仅影响生活和工作在其中的人，也影响外来访问的人。环境应激理论认为，环境的许多因素都能引起个体的反应，这当然要存在着应激源"。

背景应激物指的是持续重复的日常干扰，如工作压力、每天上下班赶路、拥挤、噪声、空

气污染等。其挑战性和强度不如灾变事件和强应激性个人应激物，但由于日常生活中难以躲避，这些稳定持续的刺激潜移默化地影响着人们的情绪状态，长期的情绪状态形成了个人的心境。良好的心境有利于健康、生活、工作和人际交往；长期不良的心境会干扰人的正常思维，损害人体免疫功能，常常构成事故的隐患、重病或大病的诱因，其后果不可忽视。

背景应激物与环境决策、环境设计与管理有着更为直接的关系，其中许多可以通过合理的环境设计与环境管理得到控制与缓解。在生活节奏日益加快，社会竞争日益激烈的现代城市，提供良好的生活与工作环境，有利于人们减少不必要的应激，集中更多的精力去应付其他挑战。现代建筑中大量水泥、金属材料在空间中的运用，需要具有人性化的"物"来作为建筑与人之间的交流媒介，改变现代建筑中许多冰冷、平淡的空间效果，纤维艺术作品自然成为首选。现代纤维艺术不只是求得表面的装饰，重要的是通过自身的存在"使建筑空间与室内环境富于生机和活力"，使纤维艺术作品的形式美侧重于对空间的理解和利用，并充分地把适应人的行为方式放在首要的位置，创造出功能与审美相融合的室内空间环境。纤维艺术作为"一门温暖的艺术"形式，以柔软的视觉、触觉感受和温暖、柔和的色彩效果，以及变幻不定的构成形态，出现在建筑环境中，满足着人们的心理需求。这种视觉效果和空间已经给深处其中的人们的心灵带来美的愉悦和震撼，从而达到改善人们生活环境的目的。

周遭环境刺激，无论视觉、听觉、嗅觉、触觉，都会引起神经系统一定水平的唤醒，唤醒水平的高低在一定程度上取决于个人所接受的感觉信息的多少。在缺乏刺激的环境中，人们会闷得发慌，会感到无聊、厌烦和焦虑，会主动探索和寻求刺激；而在刺激过度的环境中，又会感到闹得受不了，乱得理不清。这就要求我们针对室内环境进行纤维艺术创作时要把握住"度"，注重在特定环境背景下，人们精神上的要求，通过多种手法的使用，使建筑空间环境更加丰富多彩，并赋予其人性的特征。因此当环境刺激不符合个人的适应水平时，可以采用两种方式重新达到与环境的平衡：一种是改变自身对刺激的反应适应环境，另一种是改变或选择环境刺激顺应自己的需要。在面临两种可能的选择时，人类常常首先选择顺应，因为这种方式不需要付出太多的认知努力和体力消耗便可以达到个人与环境的平衡。把环境心理学中的环境应激提出来，结合纤维艺术在室内环境中的应用进行探讨，其目的是想"通过合理的环境设计减少不必要的应激"，将个人空间、私密性和领域性的概念应用于环境设计，应用于纤维艺术设计，从而增强人们在环境中的选择性和控制感。

环境艺术涉及的内容及表现形式是丰富多样的，包括家具、灯具、室内软织物、纤维艺术、工艺品以及室内绿化等等。现代建筑环境不仅仅是作为一种具有形式美的视觉形象，也不能只是作为一个单纯的物质空间而存在，应该是具有文化意味的多维艺术，把纤维艺术引入建筑环境中可以起到事半功倍的作用。纤维艺术作为室内环境艺术设计中重要的组成部分，它已完全步入建筑内部环境各种领域之中，并使现代生活环境更加充满艺术的气息。在纤维艺术继承传统的同时，也在不断地接受新材料、新工艺、新技术、新手段和新意识，并将这些表现在各种各样的新的创作形式中。纤维艺术品丰富的材料、多样的色彩，在与建筑所用的材料形成鲜明对比的同时，又要与其所处的建筑空间整体风格相统一，以对建筑空间起到柔化和增加适度调

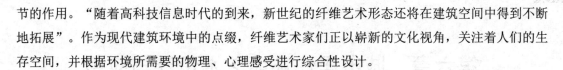

节的作用。"随着高科技信息时代的到来，新世纪的纤维艺术形态还将在建筑空间中得到不断地拓展"。作为现代建筑环境中的点缀，纤维艺术家们正以崭新的文化视角，关注着人们的生存空间，并根据环境所需要的物理、心理感受进行综合性设计。

第六章　城市居住环境艺术设计与应用

第一节　城市居住环境艺术设计的基本原理

一、城市居住环境艺术设计的三个层面

居住环境艺术设计虽然在功能上是为居民提供一个可居住、停留、休憩、观赏的场所，但是由于环绕在历史、社会与风土人文等脉络中，而使其功能上具有多层次性和复杂性。为了分析方便，把本来为一个整体的功能要求与实现过程剖开来，认为居住环境艺术都具备物质功能、精神功能和审美功能。

（一）物质环境

环境作为满足人们日常室内外活动所必需的空间，空间的实用性是其基本的功能所在。

1. 满足人的生理需求

空间要素的合理设计，让人们可坐、可立、可靠、可观、可行，既能挡风，又能避雨的空间合理组织，满足人们日常生活中对它的需求，其距离、大小跟内容而定。这样的居住环境就满足了作为空间主体的人的多方面的生理需求。为了使环境更好地实现这些功能，必须考虑到许许多多的细节性要素，比如材料的使用合理，空间的尺度宜人，具体小环境的功能单纯性等等。

2. 满足人的心理需求

人心理上对领域与个人空间，私密性与交往都有需求。在环境艺术设计中还应该重视个人空间的可防卫性，给使用者身体与心理上的安全感。人的私密性要求并不意味着自我孤立，而是希望有控制选择与他人接触程度的自由，所以简单地提供一个与世隔绝的空间并不意味着解决了问题。

在居住环境艺术设计中，隔断空间的联系，限制人的行为，遮挡视线，控制噪声干扰，就成为获得私密性的主要方法。居住环境中，像阅读、恋爱、亲密交谈等私密性强的行为由凹入式座椅、树荫、构筑物围合、占领而形成的空间来提供，这样的小空间过往行人较少又相对封闭，一般性的交往、休憩则常常由人流较少的通道旁、水池边形成的领域来提供，而演出、聚会等公众活动则往往发生在向心的、较大的开敞空间之中，这种划分常常是人们心理自然作用下自觉形成的。

心理上私密性与交往的不同层次的需要，在环境艺术设计中，可以通过门、围墙、绿化带

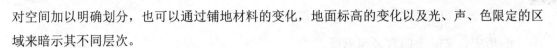

对空间加以明确划分，也可以通过铺地材料的变化，地面标高的变化以及光、声、色限定的区域来暗示其不同层次。

3. 满足人的行为需求

行为的考虑反映在设计的各个阶段中，其中又以基地环境的配合，空间关系与组织，以及人在环境中行进的路线为主要的考虑因素。居住环境是满足人们居住功能的环境，满足人们日常生活的室外行为，绿化环境是不可缺少的组成部分。绿化环境中的休憩环境，如儿童的游戏空间、成年人交谈娱乐的空间、老年人活动区等，它们有利于儿童的成长、居民的身心健康及保持祥和安定的友好互助气氛。小区的休闲区、游乐区、健身区、附属设施区等满足人们散步、休息、文化娱乐、社会交往、儿童游戏、运动锻炼等需求。

（二）精神功能

物质的环境往往借助空间渲染某种气氛，来反映某种精神内涵，给人们情感与精神上带来寄托和某种启迪。在此类环境中主要景观与次要景观的位置尺度、形成组织完全服务于创造反映某种含义、思想的小区空间气氛，可使特定空间具有鲜明的主题。这些环境的主题是大家所熟悉的历史人物或事件，当人们置于其中，会引起精神上的激愤而达到心灵上的共鸣。

1. 形式上的含义与象征

在环境设计中，透过具体空间造型来表达某种含义与象征时，最基本、最常见的是从形式上着手，由此寄托设计者想要抒发的情感。

在用形式表达含义与象征时也可以使用抽象的手法。普鲁斯特曾描述过一种矛盾感受："现实当中的美常常会令人失望，因为想象力只能够为不在场的事物产生。有时候，一个场地最明显的独特之处不是实际在场的一切，而是与之相联系的东西，是我们的回忆和梦想穿过时间和空间与之相联系的一切。"

2. 理念上的含义与象征

环境艺术设计中的"环境"是由于人的介入而被改造、创建的。它必定含有人为的因素，具有理念上的含义。普通室内环境中所包含的这种含义，人们非常熟悉以至于感觉不到它的存在，比如住宅，它常常表达着"生命旅行的港湾—— 安定与温馨"的理念。另外，设计者要表达的理念上的深层含义与象征，在视觉形式上难以具体体现，往往需要使用者或观者在具有了一定背景知识的前提下，通过视觉感知、推理、联想而体验到。在具体的环境中，人们在不同的场合、不同的心境、不同的认识阶段可体验到多元的、多层次的理念上的含义。

3. 哲学与宗教上的含义与象征

居住环境艺术设计中的精神功能常常表现在哲学与宗教的意义上，设计者在设计中贯穿他的哲学论点或宗教含义，引发使用者的深层次思考或精神寄托。中国古典园林的水景在庄学、玄学思想中本来就具有虚静而明的哲学与美学含义，"竹林七贤"热衷于在山水间静思默想，清淡玄学，赋予山林"无为隐逸"的哲学韵味。

4. 历史、文脉上的含义与象征

传统构成现代化的基础，无论我们对传统采取保护还是贬斥的态度，传统无处不在。历史的概念，大家都不陌生，具有历史感也是人与动物的区别之一。

居住环境个体因素要注重新老之间在视觉、心理、环境上的沿袭连续性。这些元素可以作为历史、文化的反映而有机进入环境之中，它们的功能及意义要通过空间与时间的文脉来体现。也就是说个别环境因素与环境整体保持时间与空间的连续性，即和谐的对话关系。在人与自然关系上，提倡人文与自然的协调平衡在人文环境中力求通过对传统的扬弃，不断推陈出新。

因此，环境艺术的语言不应该抽象地独立于外部世界，而必须依靠和植根于周围环境之中，而且能引起关于历史传统的联想，不排除适当运用古典装饰符号，与左邻右舍的原有环境产生共鸣。

（三）审美功能

审美活动归根到底就是人的一种生命体验。人生活在世界上就要不断地领悟世界的意义和自身存在的意义，而作为生命体验的审美活动正是主体对生命意义的一种把握方式。环境艺术的物质功能是满足人们的基本需要，精神功能满足人们较高层次的需要，那么审美功能则满足人们对环境的最高层次的需求。

1. 环境艺术的形式美

环境艺术造型可以产生形式美，一般人往往将形式美局限于静态的、和谐的、必然的美。但是设计者在进行创作上应当有所超越，成为一种动态的、有机的、自由的美的形式。环境艺术如同绘画、雕塑以及建筑，都是由诸多美感要素——比例、尺度、均衡、对称、节奏、韵律、统一、变化、对比、色彩、质感等等建立了一套和谐、有机的次序，并在此次序中产生一定的视觉中心及变化，才能引人入胜。环境艺术中的意匠美、施工工艺美、材质美、色质美组成了环境景观美，继而有助于带来人们的行为美、生活美、环境美。

2. 环境艺术的意境美

强调意境是中国美学思想的特点之一，可理解为一种较高的审美境界，即人对环境的审美关系达到高潮的精神状态。王国维认为境界是艺术品抒情、写意、状态达到和谐统一的结果。因意境涉及人与环境两方面，才被引入环境艺术之中。

二、城市居住环境艺术设计的原则

居住区环境艺术设计包括住区内建筑本身的环境和建筑外部空间环境的设计，内部空间环境的限制条件很多，而外部空间环境的可塑性很强，功能、形式多样，除各种景观小环境之外，还包括多种服务建筑、小品设施和构筑物，这些环境的组织方式有很强的灵活性，但无论以哪种形式出现，都应满足人们的使用要求和整体的景观效果。良好的居住区环境是建筑内外空间的完美结合，满足住户各方面的需求，在设计中要严格遵守居住区环境设计的原则，建构以人为本的居住生活环境。

（一）居住区规划与景观、建筑的整体性原则

居住区环境作为城市小环境的一部分，它也是为人们在室外逗留提供一个机会，为人们的社会交流提供一个场所。小环境设计是综合性的活动，针对不同的情况进行不同的设计，对人们的生理、心理有不同的影响，对于人们在城市中、小区中、街坊中的室外活动都是一项有价值的贡献。

总平面布置时应重点进行总体构思、景区划分、出入口布置和竖向设计，在总体构思之初应对周围环境进行了解、分析，包括自然环境、建筑环境和人文环境，这样做的目的是为了使所设计的小区与周围环境相协调，并更好地融入整个社会的大环境之中。总体构思阶段要在调查研究之后得出设计思路，这时期应将建筑、规划、景观整体考虑，形成大的框架。首先是建筑的摆放形式，小区出入口的位置和小区主要路网的设计；其次应该考虑的便是中心广场和几个主要活动场所的位置。这些思路的形成都是建立在结合场地规模、地域文化使用特点的基础之上，建筑布局、广场规模和位置、小区出入口和主要路网确定以后再分专业进行细部设计，根据建筑的性质确定形式和位置，例如小区内幼儿园的位置、商业服务用房等基础设施用地的位置。建筑的风格应与周围建筑风格和色彩有共同的元素，以达到整体性的特点，但这些建筑也不能与周围建筑太过相似，要有自身的特点，大体的建筑风格形式确定以后再进行建筑平面的设计。住宅建筑的总平面形式首先确定为行列式，或庭院围合式，或两者结合布置，在建筑单体的平面设计中，作为住宅建筑，应首先考虑朝向、日照间距等因素，然后再进行分区设计。户型的设计很重要，根据朝向，充分考虑通风和日照条件，将卧室、客厅等住宅使用空间设置于南向。若为高层住宅，为了充分利用空间，一般很少出现一梯两户的现象，这种一梯多户的住宅户型设计很难做到规整，也很难使每户的每个房间都有良好的朝向，也很难满足每户通风的要求，这种情况下，在设计中应尽量将主卧室设置于南向，若户型中没有南向的房间，则要保证主卧室和客厅处于最好的朝向。《住宅设计规范》中明确规定，户型设计中除卫生间外，其他房间如客厅、卧室、厨房都必须满足采光的需求，实在很难做到的话，就要考虑间接采光和改变建筑平面、立面的形式。户型主要是由卧室、客厅、厨房、卫生间、阳台、走道、楼梯等组成，有些有条件的户型设计中，还可设置入户花园或者阳光房，将自然的植物种植引入室内，不仅美化了室内环境，净化了室内空气，丰富了空间，还为住户提供了犹如室外环境的休息场所。除了各房间的分布设置外，还应考虑水、暖、电管道的设计位置。每个朝向的户型，设计完成以后，再设置楼梯间、电梯间和室外平台、走廊以组成单元，几个单元拼接则形成一栋楼，每个单元的户型和形式，可以相同也可不同，可以是几个单元共同构成一栋楼，也可以只有一个单元，形成点式住宅。单元之间的组合方式有很多种，最多采用的就是单排和庭院围合的形式，小区中每几栋楼就可以形成一个组团，每个组团都有自己的绿地及活动场所。各个组团之间也是通过共同的绿地或活动场地相联系。住宅建筑的立面设计，要根据平面的构成形

式和周围的建筑风格综合考虑，其立面色彩也应与周围建筑颜色相协调。西部设计中，要采用构图元素的手法，形成自身特点，对于多层住宅建筑，其平面和户型设计，都相对简单，户型的设计很容易满足使用的要求，但想要做出优秀的设计，就必须进行深入的推敲．立面的设计更是如此，它是人们最直接的视觉感受，有特色且形式灵活的建筑立面。可以提高整个居住小区的品位，提升小区的形象。一个小区中，可以既有高层住宅，又有多层住宅，这时各种住宅的布置位置应分开，使高层、多层各成区域。

（二）融入生态性原则

生物必须在一定的自然条件下才能生存，自然条件的改变和破坏，使生物的生存受到威胁。生物与环境的结合，形成生态环境。生态环境有自然生态，如空气、阳光、水体、土壤、植被等，也有人工生态，如人工气体、人工绿化、人为小气候等。住宅区作为城市的基本功能单元，强调其环境的自然性、生态性特征，对于改善城市层面上人与自然的关系、形成城市有机的基本生态单元以及满足住宅区中居民的精神感受来说，都有着重要意义。

住宅区绿化应做到：（1）注重生态效益、观赏效益与经济效益相结合。乔木的生态效益要比灌木、草地的高，生长快、立地条件不高，树冠开展的落叶阔叶树又比价格昂贵、生长慢、立地条件严的高。此外，环保植物在环境保护中可起到监测、绿化、净化、滞尘、隔音、防火等多项作用，可针对不同的生态区位条件有选择配置环保品种。（2）减少硬质场地的使用，从而扩大自然绿化。住区的广场及其他活动设施应根据居民的数量和使用的频率来确定规模，不应盲目攀大，追求气派，可通过法定条例来禁绝住区使用大面积的硬质地面。同时，通过采用铺装植草砖，将住区的停车场等地，变成积极的绿地系统的一部分。（3）处理好住宅与绿化的过渡关系。住宅底层院落应尽量采用镂空围墙或低矮的绿篱，以加强建筑与环境的渗透与交融。

在住区景观构成元素中，除文中所提的"人""动物""植物"外，还有诸如阳光、空气、水体、山石等软质景观元素，以及大量的人工构筑的硬质景观元素，这些景观元素同样可以对居民产生生理和心理上的影响。

（三）坚持以人为本原则

以人为本，以建筑为主体的原则。居住区环境设计是"以人为本"的设计。因此，首先要考虑满足人在物质层面上对于实用和舒适程度的要求。所有附属于建筑的设施必须具备相应齐全的使用功能，并都应围绕主体建筑来考虑，它们的尺度、比例、色彩、质感、形体、风格等都应与主体建筑相协调。

（四）坚持社会性原则

住区的环境设计应与城市整体环境相协调，体现社会性原则，在小区环境中则表现为居民的文化素养、安全意识和环境的历史文化元素以及人文精神。要通过环境来提高居民的社会意识，加强居民的可参与性、邻里关系和归属感。

（五）坚持经济性原则

以居民的使用为目的，避免盲目攀比、华而不实。材料使用上要因地制宜，选择当地材料，植物空间组织和形式设计上应在符合人们使用功能的条件下，节约土地和能源。道路广场的组织上主要考虑居民总数和生活方式，减少大面积的硬质铺装广场，充分利用太阳能、风能等自然能源为人类服务。

（六）坚持地域历史性原则

应体现所在地域的自然环境特征，因地制宜地创造出具有时代特点和地域特征的空间环境，避免盲目移植。建筑和环境设计上要保持不同民族、不同地域文化的多样性与历史连续性。要保护、保留和利用自然地形、原有水系和植被，不能破坏原有的生态环境。住区建筑的组合布局、体形和立面色彩等要与周围特定地形、环境和谐一致。对于邻近历史景观的建筑和住区，其尺度与色彩不能压倒原有文化遗产。应从传统中汲取创造地区特色和多样的建筑形式的设计思想，对自然景观和自然特性的地域特征进行整体研究，将自然景观作为一种资源加以识别、控制、保护和有计划地开发、利用。自然因素要作为最首要和最经济的要素进行研究，也要加强人际关系的研究，加强聚居环境的社区交流场所和健康型休憩场所的规划和设计。

三、城市居住环境艺术设计的营造要素

对人类居住环境与活动环境的区域，通过区域土地利用与保护、区域产业规划布局、区域基础设施规划等几方面共同塑造，可完成对整个区域环境，即居住区环境的规划。区域环境谋求经济、社会和环境的协调发展，保护人们健康，促进资源和环境的持续利用，提升整个人居环境的品质。因此，居住区环境的营造是一项多方位、多角度构建及多领域协作的综合过程。

（一）居住区的自然环境营造

在人居环境的研究中，自然环境指的是影响人类生存和发展的各种天然的和经过人工改造的自然因素的总体。整体的自然环境是聚居产生并发挥其功能的基础。对于城市居住区来说，可以概括的理解为居住区的绿化环境、水环境、声环境和空气环境四个方面。

1. 城市居住区绿化环境的营造

居住区绿化环境是以绿色植物为主体，提供居民户外休闲、室内观赏和改善生态环境作用的绿色空间。具有释放氧气，杀菌除尘，净化空气，调节空气温湿度，减噪、隔热、防风以及美化环境，创造四季各异的环境景观，调节居民心理等诸多功能。由此可见，居住区绿化环境的营造是提高居住区人居环境质量的必要条件和自然基础。进行绿化环境的设计时，应遵循以下原则：

第一，合理进行绿化配置。首先，我国地域辽阔，从南至北跨越的纬度达五十多度，从酷热的华南到严寒的东北，从东南沿海到青藏高原，气候变化极其悬殊，不同地域有其特有的适生树种，体现不同的地域自然风貌。进行绿化品种的选配时，应考虑到所选植被的适生环境，

从而提高存活率,减少无谓的资源浪费。其次,按照生态学的理论,一个成熟良好的生态环境应该具有多样性。生态环境的多样性越明显,相对来讲就越稳定,受破坏影响的程度也越小。就绿化环境而言,在进行绿化配置时,应根据遮阳、通风、降噪等各方面功能进行综合考虑,按照不同的功能要求选配树种和绿化方式,多树种混合种植,以期达到最佳的效果。例如,在建筑物的南侧布置一些落叶乔木,这样夏季可以遮阳,冬季又不至于遮挡建筑物的阳光,而在建筑物的东、西侧进行垂直绿化,可以改善建筑物墙体的热工效应等等。

第二,建立多层次、立体化的绿化环境。人的本性就是向往大自然和对户外生活的渴望,随着人们闲暇的增加,保存自然环境显得空前重要,不仅要保持肥沃的农业和园艺地,以及供人们娱乐、休息和隐居之用的天然园地,而且要增加人们进行业余爱好的活动场所。

居住区绿化环境的设计应结合建筑空间,尽量多地布置绿化,以道路绿化联系各公共绿地和宅前绿地,形成点、线、面相结合的多层次的绿化系统。在横向展开的同时,充分利用基地的自然地形,山水结合,垂直地发展绿化,利用屋顶绿化、阳台绿化、墙面绿化等,形成立体化的绿化系统。现代城市居住区内往往由低层的别墅、多层的住宅和高层公寓单元三种不同的住宅组建而成,立体绿化不但有利于柔化环境,使人们避免来自太阳和低层部分屋面反射的眩光和辐射热,而且可使屋面隔热,减少雨水的渗透,同时又能增加居住区内的绿化面积,加强自然景观,改善居民户外生活的环境,保持生态平衡。

第三,兼顾绿化环境的可达性和亲和性。居住区绿化的可达性就是绿地尽可能地接近居民,布置在居民经常经过并能自然达到的地方,以便居民进入。亲和性是指要处理好居住区绿化与各项公共设施的尺度关系,景致要尺度适中,亲和宜人,尽可能采取开敞式布置,以使居民能够真正地接近绿地,享受绿地。

2. 城市居住区水环境的营造

居住区的水环境主要涉及两方面的内容:一是直接与人体接触的水,如饮用水、生活用水;二是与人间接接触的水,如景观水和调节微环境的用水等。水环境的好坏对于居住区人居环境的质量至关重要。

当前水环境存在的主要问题是水质和水量。水质的保证主要是加强水体的管理维护,减少或消灭二次污染的可能性,未经处理的污水严禁排放到居住区的水体中。在设计时,可将居住区内的景观水,做成流动的水,并配置合理的水生动植物,使水体形成一个完整的生态系统,从而达到水质的平衡。同时还要形成全民的环保意识,共同维护城市,乃至整个地区的水环境系统,以保证居住区水源的水质。

由于我国是世界上十三个缺水国家之一,许多城市都处于缺水状态,如何保障城市居住区具有持续不断的供水是居住区水环境中亟待解决的问题。笔者认为可以依靠三种手段来改善:

第一,节约用水。水资源虽然是一种可循环利用的资源,但是随着近年来全球环境的持续恶化,以及人们的过度开采,使可饮用的水资源越来越少,几近枯竭的边缘。我们应形成自觉的节约用水的良好习惯,这样既可以减少对大自然的索取,给它充足的时间进行恢复,又可以

减少废水处理的费用，可谓一举两得。

第二，对水的循环使用，其中包括对雨水的收集再利用、中水的利用和可持续的污水处理三个具体的措施。对雨水的收集再利用主要是通过建筑设计，附设一定的雨水收集设备进行收集、过滤，然后做生活服务用水或做居住区内景观用水。

第三，加强居住区绿化配置，采用高渗透性的铺装材料，促进地表水体循环。在城市居住区中，绿化是最自然、生态的保水设施。通过增大居住区绿化面积的比率，尽可能多地采用透水地面促进地表水体的循环。

3. 城市居住区空气环境的营造

城市居住区空气环境主要指的是居住区内的空气质量和内部小气候，两者对于人类的健康影响非常大，直接关系到人居环境质量的高低。城市气候是在不同的纬度、地理位置、地形地貌所形成的区域气候的背景，在人类活动特别是城市化的影响下而形成的一种特殊的气候。它的成因主要是由于人们的活动改变了城市下垫面的性质和空气质量，造成空气污染、环境辐射、地面反射增强等不良反应而形成的。

城市居住区的环境与城市环境是一种从属的关系，城市总体环境的好坏对于居住区环境质量具有决定性的影响。因此城市气候的诸多不良特征必然引起居住区人居环境质量的下降。虽然可以采用一定的手法对城市居住区的空气环境加以改善，但是总显得杯水车薪。因此，要提高城市居住区人居环境的质量，首先从改善城市人居环境的质量入手。

第一，充分利用地形地貌改善居住区内的小气候。地形地貌与小气候的形成有关。分析不同地形及与之相伴的小气候特点，通过合理的分布建筑与绿化，改善居住区内的小气候，提高人居环境的质量。例如，在山地利用向阳坡布置建筑，以获得良好的日照和自然通风。

第二，绿地与水面结合的降温、增湿、除尘作用。绿地对城市的降温增湿效果，依绿地面积大小、树型的高矮及树冠的大小不同而异，其中最主要的是需具有相当大面积的绿地。在环境绿化中适当设置水池、喷泉、湖面，对降低环境的热辐射、调节空气的温湿度、净化空气都具有很大的作用。即使在炎热无风的夏天，由于整个居住区笼罩着热空气，树荫中和水面上的冷空气不断上升，从而形成上下对流，仍然可以起到降温、增湿的作用。

第三，通过居住区布局加强自然通风。建筑的合理布局所考虑的因素是综合的，包括建筑物的朝向、间距与布局形式的合理选择、室外环境的创造等。而这些问题都要充分考虑当地的地理环境、地方气候的特点，利用其有利因素，控制或改造其不利因素以达到改善城市居住区环境的目的。居住区规划布局的不合理，外部空间安排不当都会造成居住区内部的通风不良。在规划中，应选择良好的地形和环境，以避免因地形等条件所造成的空气滞留或风速过大。在居住区内部可通过道路、绿地、水面、过街楼、架空层等空间将风引入，并使其与夏季的主导风向一致。

4. 城市居住区声环境的营造

声音分为乐声和噪声两种,乐声使人心情愉快,而噪声使人心烦意乱。凡是杂乱的、无规律的、不和谐的声音都是噪音,对人体产生极大的危害。居住区声环境主要是研究对城市环境的噪音的防治。

城市居住区噪音的来源除了周围的交通噪音外,不外乎来自区内的商店、菜场、学校、幼儿园及一些服务设施。为了改善不断恶化的城市居住区噪声污染,我国陆续颁布了一系列噪声控制标准,规定了住宅区内的各种允许噪声级。对于城市居住区内的噪音的防治,除了通过居住区选址、规划设计等手段,远离噪声源外,主要有以下几种方法:

第一,绿化防噪。由于树叶、树皮对声波具有吸附作用,经地面反射后又被树木二次吸收,因此绿化对噪声具有较强的吸收衰减作用。防噪绿化应与观赏美化功能结合起来,点状绿化和带状绿化相结合,多树种混合种植,形成高低错落、疏密有致的防噪绿化体系。

第二,规划布局防噪。城市居住区的建筑布局方式与噪声在其中的传播有密切的关系。我国常见的平面布局方式分为垂直式、平行式和混合式三种,其中混合式的噪声污染最小,平行式次之。因此,在居住区沿主干道的一面应减少开口或通过建筑的错位,减少实际开口面积。还有就是在主干道边上设置绿色走廊,形成防噪绿化带,在临街设置商业、办公、服务等公共建筑,集中布置居住区内的公共性设施等方法都可以改善居住区内的声环境。

(二)居住区的室外空间环境营造

根据对人的居住行为心理的分析,笔者概括性地指出城市居住区室外空间环境的创造应从以下几个方面来实现:

1. 创造富有层次的、具有私域性的、可防卫的居住区室外空间

居住行为的安全性可分为物质安全性和精神安全性两方面。物质安全性主要表现在治安安全和人身安全方面,前者主要指防盗问题,后者主要包括防滑、防坠、出行安全等。行为学家认为,人的行为受动机支配,而动机的形成,则依赖内在条件和外在条件的共同作用。外在条件主要是指外部环境的刺激。犯罪行为也是如此。基于此,可防卫的居住环境的理论机制就是通过物质空间形态表达社会结构内部所具有的自我保护机制,从而减少外部环境的刺激,抑制犯罪的产生。

搞好居住区规划和环境设计对于形成积极的户外空间至关重要。在进行居住区室外空间的设计时,把户外空间当作“没有屋顶的建筑”,那么户外空间的设计重点就相当于建筑设计中的平面布局了。在这里,建筑相当于墙的作用。因此住宅单元的定位就成了形成积极户外空间的关键了。另外,城市居住区物业管理对积极的户外空间形成也很重要。居住区缺乏管理,很容易看到一片衰败的景象,杂物乱堆,垃圾遍地,新种树木遭伤害,道路和市政设施被毁坏,在这样的环境里居住,只会令人感到不舒服,不安全。这些无人管理的空间,只能是消极的,是不利于居住的空间。

2. 促进居住区室外空间的邻里互动，加强社区意识

社区意识是居住区居民对居住区具有的认同感和归属感，它来自居民因共同的利益服务、问题需求、愿望、环境等问题而产生的共同的情境意识，是社区情感的积累。它表现为邻里之间相互帮助的依赖感、个人对所处环境的依恋感以及更深层次的社区关怀、社区亲和力。对于社区意识的提倡，是由于人们在逐渐失去融入自然、造化自然的人文环境的寄托，失去亲切和睦的邻里交往空间与活动场地之后，突然发现他们的生存空间已经异化成以多、高层公寓为主体的居住形式而形成的幡然悔悟。社会学家研究发现，与居民社区归属感强弱相关的主要因素包括居民在社区中居住的时间、人际关系，具体来说主要是认识和熟悉社区居民的数量、社区满意度、对社区活动的参与等等。

因此，在组织上，建立全新的物业管理机制；在社会学上，强调社区作为生存空间时人类心智健康的影响；在心理上，形成社区居民的共同归属感，强调社区整体环境的和睦，促进人际交往；在居住区物质环境的规划设计上，增强居民的居住满意度，注重居住区交往空间的设置，从而增进社区居民之间的联系，增强参与感；在城市意象上，深入挖掘居住区的特色，以可识别性和地域建筑文化为追求。

3. 居住区室外空间创造过程中历史文脉的延续与共生

一个城市和地区总有自己的文化和精神，可以说，这种文化和精神绝大部分来自历史的沉淀和积累，也就是城市的历史文脉。城市居住区是城市的细胞，这个组成一单位应充分体现城市的建筑文化传统、居住环境文脉、城市景观环境等要素。地区的历史文脉和居住区的人文环境息息相关，两者相辅相成，互为表里。地区范围内的历史文脉对社区形象有相当大的影响。历史的延续不仅保存于一些遗留下来的古迹和相关的地名，更深刻的还可以包含在地区的居民生活习惯、行为方式里，甚至表现在当地居民意识形态之中。在居住区人居环境的建设中，只有充分挖掘城市的历史文脉并加以利用，表现于建筑和空间的形式上，形成有特色的社区文化，才能够得到当地居民的认同，让居民对社区有归属感和荣誉感，关心社区的建设与管理。

在对历史文脉的延续的同时，还应注意与历史文脉的共生。这就要求设计者们在设计施工前做好地块历史资源的调查，保留其中有价值的部分，并结合历史文脉在新的建筑环境中的再现，以形成社区文化建设的基调和背景。如上海在分析原有居民居住模式的里弄建筑的基础上创造新里弄建筑，北京构筑新四合院的形式等都是一些有益的尝试和探索。

4. 创造景用结合的居住区室外空间

美观和实用往往是一对矛盾体。随着社会的进步，人们对于居住区内景观环境的要求越来越高，导致一些开发商和设计者在直接利益的驱使下，逐渐走入一味追求美观好看而不顾其实用性的误区，使一些居住区的设计景观效果很好，但在实用性方面则略显不足，为居民的生活、休憩、娱乐带来不便。同时也不能光强调实用性，而忽视了美观，从而成为景观中的一处败笔，影响整个居住区室外空间的景观效果。

"景用结合"是指将城市居住区室外空间中遇到的各种事物如建筑、围墙、道路、路灯、儿童游戏器械、绿化等,在设计时均从景观效果和实用性的角度去分析,使景观与使用有机地结合。一盏路灯,一条林荫小路,只要设计的合理,都会成为人们眼中的景致,不是单纯从用途出发,而是使"实用性"与"景观性"有机地结合在一起,达到最大的统一,产生最大的环境效益。这充分体现了城市居住区人居环境建设的"以人为本"的人性化思想。

(三)居住区的道路交通环境

城市居住区的道路交通环境按照人居环境科学系统的划分,应属于支撑环境范畴,它为人类活动提供支持,服务于聚落。对于城市居住区来说,它是人们出行安全、便捷以及生活环境免受干扰的重要保证,因而对于居住区人居环境的影响不可忽视。根据交通现象,可以将道路交通系统划分为动态交通系统和静态交通系统两个部分。动态交通系统是指机动车辆、非机动车辆和人的交通组织方式,静态交通系统则是指各种车辆存放的安排。

1. 动态交通环境

(1) 道路的功能性

通行功能是居住区道路的基本功能,道路是居民日常生活活动必不可少的通行通道。由于它是家居归属的基本脉络,故又能影响居民的心理和意象。同时,还受经济发展水平、生活习惯、自然条件、年龄和收入等因素多方面的影响。因此,居住区的道路应满足安全、便捷和舒适的要求。它的交通应具有通勤性、生活性、服务性、应急性等属性。在规划结构中,道路是居住区的空间形态骨架,是居住区功能布局的基础。

(2) 交通组织方式

目前,城市居住区内的交通组织方式根据人与车的接触程度分为无机动车、人车分行和人车混行三种方式。无机动车的交通方式就是采用在居住区外围停车,而不使车辆进入居住区,从而保证了居住区内的绝对安静与安全,但是这种组织方式具有一定的使用限制,就是居住区的范围不能很大,否则仍然会使居住者感到不便和厌烦。因为,人的体力是有限的,如果人们要经过一段很长的路才能搭上交通工具,他会觉得极为不方便,导致对居住区满意度的下降。而人车分行和人车混行两种方式虽然解决了无机动车方式的矛盾,但是仍会对居住区内的环境产生干扰。

(3) 规划原则

①通行顺畅,保持住宅区内居民生活的完整与舒适。住宅区内的路网布局包括住宅区出入口的位置与数量,应吻合居民交通要求,应防止不必要的外部交通穿行或进入住宅区应使居民的出行能安全、便捷地到达目的地,避免在住宅区内穿行。

②分级明确,保证住宅区交通安全、环境安静以及居住空间领域的完整性。根据道路所在的位置、空间性质和服务人口,确定其性质、等级、宽度和断面形式,不同等级的道路归属于

相应的空间层次内不同等级的道路，特别是机动车道路，应尽可能地做到逐级衔接。

③因地制宜，使住宅区的路网布局合理、建设经济。根据住宅区不同的基地形状、基地地形、人口规模、居民需求和居民的行为轨迹来合理地规划路网的布局、道路用地的比例和各类通路的宽度与断面形式。

④功能复合化，营造人性化的街道空间。住宅区的道路属于生活性的街道，应该同时具备居民日常生活、活动等各种功能。住宅区内街道生活的营造也是住宅区适居性的重要方面，是营造社区文明的重要组成部分。

⑤空间结构完整性，构筑方便、系统、丰富和整体的住宅区交通、空间和景观网络。各类各级住宅区的通路是建构住宅区功能与形态的骨架，住宅的路网应该将住宅、服务设施、绿地等区内外的设施联系为一个整体，并使其成为属于其所在地区或城市的有机组成部分。

⑥避免影响城市交通。应该考虑住宅区居民的交通对周边城市交通可能产生的不利影响，避免在城市的主要交通干道上设出入口或控制出入口的数量和位置，并避免住宅区的出入口靠近道路交叉口设置。

2. 静态交通环境

（1）居住区静态交通的组织

道路和停车是不可分割的整体，两者的建设应均衡协调，在住区设置停车场库的目的是供停车使用，保证交通顺畅，给公众提供方便，维持和增加城市功能。

静态交通问题产生的原因主要是：①车辆增长太快，道路交通的建设，特别是静态交通地的建设远远落后于交通的发展。②规划没有给予足够的重视。③缺乏稳定的资金来源渠道。④大型公建及企业停车问题没有得到应有的重视，不按规定配建停车设施，或将已建停车场以种种理由改变其使用性质，把停车矛盾推向社会等。

（2）居住区的静态交通设计

静态交通组织方式有集中停车库、路外停车场和路上停车三种。静态交通的环境设计必须满足：第一，在科学合理的预测基础上，确定合理的配置指标，结合整个居住区的规划布局结构，确定合理的布局。第二，停车场与停车目的地的距离要短，机动车在500米，自行车在200米以内，应设置在昼夜视线都好的地点，其位置易为大家所知道的地方，对行人、对车辆来说都比较安全的地点，便于组织良好的居住环境。第三，考虑车场道路的衔接关系，出入方便，交通流线明确，尽量避免不必要的交叉干扰，并根据停放场地条件，选择合理的停放方式。根据我国国情，对居住区静态的组织综合几种形式的优缺点，以停车库为主，便于管理，在一定的区域结合组团绿地的设计，利用公共建筑或道路建筑等地下半地下空间等安排路外停车场。结合人车共存空间的设计安排少量路上停车，或在交通量不大的道路局部拓宽后供汽车、自行车等临时停放等。

3. 居住区静态交通的设计原则

静态交通在整个交通环境中非常重要，而处理好静态交通的重要手段，就是在居住区建筑规划设计中，充分考虑静态交通的因素，并加以解决。

（1）停车位数量从多原则

汽车进入家庭已是经济发展的必然趋势。从社会经济学的角度考虑，建筑规划设计人员不应怀疑这一必然结果。当前，在一些经济发达的沿海地区和一些发达的中心城市，汽车进入家庭已成为客观现实。随着经济的发展，汽车进入家庭的步伐还将加快。居住区建筑的使用期限通常在 50 年以上，以这样长远的时限来面对汽车进入家庭的趋势，就必须要求建筑规划设计人员坚定地树立起行、车、宅一体思想，在居住区建筑规划设计中充分考虑停车位的数量，以适应将来汽车普遍进入家庭的需要。当前，有些居住区的车位按 10 户 5 个考虑，且没有发展的空间余地，这显然是不够的。另外，有些高档别墅建筑，按每户仅有一个车位来设计，更是缺乏发展的观念。总而言之，停车位在居住区建筑规划设计中宜从多考虑，以适应未来的发展需求，使当今的居住建筑能长久存在。

（2）停车位集中设置原则

居住区停车位的停放设置方式一般有分散和集中两种方式。分散式停放是指停车位分散至居住区内的各个建筑物内或附近，这种方式对居住者出行较方便，但对土地利用及机动车的管理维护不利。一般仅适用于少数高档别墅建筑。而对于居住区的建筑规划设计，宜采用集中停放的原则。集中式停放方式是将居住区的车辆集中停放在专门修建的停车场或停车楼，车辆停放完毕，车内人员步行至居所。这种停放方式便于机动车的统一管理，避免了机动车在居住区内过多地穿行，有利于居住区居住环境的营造。同时，这种集中停放方式也有利于节约土地资源，更符合我国的国情，大多数居住区都应考虑这种方式。集中停放方式的缺点是，人员有一定的步行距离，故在设计集中停放场所时，应考虑其服务半径不宜过大。具体规划设计时，不论采用何种方式停放车辆，都应保证居住环境不受机动车干扰，保证居住者行走的安全性和居住的舒适性。

（3）道路系统人车分流原则

居住区的停车位置宜从多考虑，并采取集中停放方式，而道路系统应选用人车分流系统，尤其宜采用部分分流系统。近几年，随着汽车的增多特别是私家小汽车的增加，在引起城市居住区空气污染、噪声干扰、景观恶化的同时，也出现了如何合理存放的问题。我国目前的汽车存放方式主要有地面存车、地下存车和住宅底层存车三种。这三种方式各有利弊。地面存车有占用地上面积，污染环境，破坏景观、不便管理等不利因素，但是造价低廉。地下存车虽然可以较大地改善居住区的景观环境，但是造价昂贵，目前还不能在所有居住区中大规模地采用。而住宅底层存车也有浪费土地资源的弊病，但与地面停车相比具有改善居住区景观、便于集中管理、不占用道路面积、消除视觉环境污染等长处，是介于地面存车和地下存车之间的一种方式。但是当居住区人均汽车拥有量达到一定水平时，这种方式就不适用了。

因此，笔者认为居住区内的停车问题不能简单地以一种停车方式来处理。设计人员可以三种方式混合使用，同时将停车与道路、景观、绿化结合起来，共同创造一个便于人们使用、与景观共生、造价低廉的居住区停车空间。

四、城市居住环境艺术设计的方法论及方法

（一）定量的设计方法论

现代科学技术对于系统定量设计方法论有两方面促进，一方面推动了系统设计方法定量化，成为一套具有数学理论、能够定量处理系统各部分之间相互关系的科学方法；另一方面在于定量化系统思想方法转化为实际应用时，与计算机的结合运用为研究提供了强有力的运算手段。20 世纪中期随着计算机技术的提高，以及定量设计实践活动的复杂化，要求设计方法不仅能定性描述现象，而且要与定量研究结合起来，以解决现代设计中各种复杂的系统问题，如对材料的定量研究就要求更加精确地测定材料的物理、化学、结构应用等属性。此外，定量设计可有效地解决实际中由时间累积而产生的诸多可持续发展问题，当研究从数量到质量的数学表达形式和计算方式成为系统设计的核心，定量设计的方法论就转变为一种整体思维方式，并发展为一门与实践紧密结合的设计科学。这种以时间控制空间变化的设计方法也成为现代定量设计方法论的核心。而一般系统论强调系统的开放性，要求设计中要密切关注周围环境中能量与物质的交换过程，把生命现象的有序性和目的性同自然环境大系统的结构稳定性有序联系起来，从而为不断发展的设计目标提供了有力的科学依据和实践支持，以此在设计过程中有效地控制能量与物质的相互转换，本质也是定量设计方法论的具体实践。

后工业时代的城市设计中，逐渐开始对传统工业城市进行解体，20 世纪 90 年代后，由于西方景观设计观念被介绍到中国，景观设计与城市居住环境艺术设计针对建筑室外环境设计的同源性，促使景观设计的设计方法论可以移植到城市居住环境艺术设计中，主要完善了城市居住环境艺术设计在设计语言中的时间观念表达，室外环境艺术的时间性表现在环境要素间形成的动态变化关联性中，这也是景观定量设计方法论的主要原则。因此，城市居住环境艺术设计的定量设计方法论主要根据室外环境作为人类集体共享的行为空间塑造为主旨，意味着人类行为空间的容量必须以精确数量的形式进行设计，这样可以有效地利用资金成本及资源达到最佳的设计效果，同时共享空间的开敞性，开敞空间的共享性要求行为空间需要有相应的控制，以保证人们在空间中的行为安全性。

（二）以"再生"为代表的设计方法

环境的"再生"设计意味着场所空间环境的重新生成，再生就是对环境的历史变迁表示尊重，对土地利用所产生的人文价值保持尊重，对变迁过程中人们逐渐产生的场所认同和场所记忆表示尊重，体现当代"不求共同经历，但求共同理解"的人文精神诉求。同时"再生"设计也意味着对传统地域文脉的延续。20 世纪 90 年代，城市再生理论在全球可持续发展理念日渐

深入的状况下逐步形成，面对经济不景气、社会问题不断增加的情况，为重整城市活力、恢复城市在国家或区域经济发展中的牵引作用而提出。城市再生理论包括几方面的关注：第一，城市物质环境改造与社会响应的相互关系。第二，城市机体中诸多元素可持续的物质替换手段。第三，城市经济发展与房地产开发对城市社会生活质量的提高。第四，城市土地优化利用可避免不必要的城市扩张。第五，城市相关政策的制定与社会惯例需要协调起来。第六，城市整体的可持续发展。

从 20 世纪 90 年代后期兴起的新城市主义认为，环境再生设计的基本内容强调在具体场地除了必要的设计要素分析，还涉及一种整体系统的分析方法，能源、节能、材料、水源、通风、社区花园等都需要联系起来考虑。建成环境的空间形态与自然环境应成为相互连续的整体，河谷系统、湿地系统、森林系统等自然特征的地理区域应成为绿色基础设施，包括绿道体系、绿带走廊、绿地节点、节点与绿廊之间的活动联系，自然与城市景观之间的缓冲区、水体流域、公众参与开敞式设计等，它们也被当作有效的环境再生设施元素，如水体可不断为城市带来新的生命力；植被能够有效地吸收二氧化碳等有害气体并减少城市污染，为碳排放减量提供重要支撑；采用渗透、储存中水和绿色屋顶方式管理来自城市硬质表面的雨水。这些措施可对地域生物多样性提供有力的保证，影响着城市发展形态和特征结构的有机要素，并为市民提供更多的休憩机会和健康的生活环境。也意味着城市的精明增长在于找到一种整体方法能够将可持续性有效地联系起来，促进自然生态环境的再生。并且绿色基础设施还与区域的可识别性有关，并与河谷体系、高原、森林栖息地以及城市绿带形成了独具特色的自然环境空间结构。同时，绿色基础设施建设也成为实现工业废弃地再利用的有效方式，"再生"设计因此成为技术化、艺术化、生态化解决场地环境生态恢复的重要手段。

（三）以"更新"为代表的设计方法

"更新"设计是指针对城市现存环境各区域发展的要求，为满足城市居民需要，对建筑、空间、环境等进行必要的调整和改变，通过有选择地保存、保护现有环境肌理等方式提高城市环境质量。

现代生态学认为，自然生态系统是生物与环境之间不断进行物质交换和能量传递的特定空间，在运动变化中不断经历由演替而形成的发生、发展、变化的不同阶段，从而形成自身特定的演化规律。生态系统依靠反馈作用，在正、负反馈的相互转化中，按照自身系统减缓压力的方式以维持整体稳定性。环境中的动植物为适应气候、土壤、植被群落等自然地貌条件，逐渐进化出与环境协调的自我修复与更新能力，生物从环境中摄取能量和物质以维持生存繁衍，而整体环境也需要在不断为生物提供能量的状况下进行补偿，在输入与输出的供需关系中进行自我修复、调控。

与自然环境生态系统类似，城市是时间累积的空间形态集合，现代以来传统城市肌理与城市形态发展之间的先后融合关系，与其说是空间的整体性丧失，不如说是城市的功能变化已使城市形态，只能在各种利益的诉求中保持表象多样的拼凑形态。曾经英雄般的现代功能主义不断把城市功能简化为一种简单的标准制造，后工业时代人类对生命和文化的多重需求促成的空间形式复杂性必然取代教条式的简化操作，土地分区、容积率不但不能反映出城市环境的真正文化品质，相反它导致了城市的无限扩容和城市聚合力的下降，城市可意象性、场所性、认同感等人文因素也在这个过程中逐渐丧失，尽管这其中并不全是功能主义的不合理，它更多的倒是走向了城市对文化过于渴求的反面。从设计的角度而言，城市功能和文化的表述从来都是指向统一的目标——城市环境品质的建立，如果城市功能与城市文化出现矛盾对立的局面，那么问题大都需要从设计的源头寻找。

因而，边缘化的城市结构能够根据城市区位边界的模糊化，实现城市中心功能的扩散，城市体系将由城乡接合边缘，可带动工业外溢与人口外迁，减少城市中心的交通压力，并且与城市中心相比，城市边缘区域的地租价格更有优势，土地空间的利用性较为灵活，便捷的交通环境适宜建立大型的货运处理分配节点。不过，这也会造成公共事业和城市设施的重复建设，给区域自然环境的未来发展带来负面影响。

五、城市居住环境艺术设计的环节

居住环境设计包括室内环境设计和室外环境设计两大范畴，人们普遍所说的环境是指室外环境，其构成要素有建筑布局、建筑色彩、环境绿化、环境设施和环境照明等。居住环境设计就是通过以上这些因素的有机结合，为居民创造经济上合理，生活上方便，环境上舒适、安全的居住空间。

现代小区环境设计程序，分别是项目规划阶段、用地分析与市场分析阶段、概念性规划草案阶段、概念性规划方案阶段、详细规划阶段、报批与融资阶段、场地设计方案阶段、场地设计初设阶段、场地设计施工图阶段、施工配合阶段。

通过上面的表述我们可以得出环境艺术设计的复杂性和系统性，下面可以就以几个阶段分析以更能了解其程序与环节。

（一）设计筹备

1. 与业主接触

与业主接触时先做初步的沟通和了解，是设计过程中的第一步，也是设计程序中重要的一步。对业主的爱好要求加以合理地配合引导，对业主的设计要求进行详细、确切地了解。

2. 资料搜集

针对项目需要搜集的资料，一方面是相关的政策法规、经济技术条件，如规划对环境的要求，政府规定的防火、卫生标准。另一方面是基地状况，搜集关于基地地形地势，以及基地外部设施等方面的资料。

3. 对基地的分析

对小区基地的调查与分析是环境艺术设计与施工前的重要工作之一，也是协助设计者解决基地问题的最有效方法。它包括自然条件、环境条件、人文条件等诸多因素。

4. 设计构思

基地分析完成之后，接下来就开始设计构思了。设计构思尽量图量化。设计构思可细分为：理想机能图解—基地关系机能图解—动线系统图解—造型组合。

（二）概要设计

设计筹备阶段之后，设计者正式进入设计创作的过程，概要设计的任务是解决那些全局性的问题。设计者初步综合考虑拟建环境与城市发展规划、与周围环境现状的关系，并根据基地的自然、人工条件和使用者要求提出初步的布局设想。

概要设计由初步设计方案，包括概括性的平面、立面、剖面、总平面和透视图、简单模型，并附加必要的文字说明加以表现。概要设计将前一个阶段中所分析的空间机能关系、动线系统规划、造型组合图发展成具体的关系明确的图样。

（三）设计发展

设计方案已大致确定了各种设计观念以及功能、形式、含义上的表现。设计发展阶段主要是弥补、解决概要设计中遗漏的，没有考虑周全的问题，将各种表现方式细化，提出一套更为完整、详细的，能合理解决功能布局、空间和交通联系、环境艺术形象等方面问题的设计方案。这是环境艺术设计过程中较为关键的阶段，也是整个设计构思趋于成熟的阶段。在这一阶段，常常要征求电气、空调、消防等相关专业技术人员根据自己的技术要求而提出的修改意见，然后进行必要的设计调整。

（四）施工图与细部详图设计

设计发展阶段完成后，要进行结构计算与施工图的绘制与必要的细部详图设计。施工图与细部详图设计是整个设计工作的深化和具体化，是主要解决构造方式和具体施工做法的设计。

施工图设计，也可以称为施工图绘制，是设计与施工之间的桥梁，是工人施工的直接依据。它包括整个场所和各个局部的具体做法以及确切尺寸结构方案的计算、各种设备系统的计算，造型和安装各技术工种之间的配合、协作问题，施工规范的编写及工程预算，施工进度表的编制等。这一阶段，因技术问题而引起设计变动或者错误，应及时补充变更图或纠正错误。

（五）施工建造与施工监理

"施工建造"是承包工程的施工者使用各种技术手段将各种材料要素按照设计图的指示实际地转化为实体空间的过程。在居住环境艺术设计中，由于植物以及动物具有生命力，使植栽、绿化的施工有别于其他施工，施工方法直接影响植物的成活率，同时也影响到设计目标能否被正确、充分地表现出来。设计师要定期到施工现场检查施工情况，以保证施工的质量和最后的整体效果，直至工程验收，交付使用。

（六）用后评价与维护管理

"用后评价"是指项目建造完成并投入使用后，所有使用者对于设计作品功能美感等方面的评价及意见，以图文形式较好地明确反映给设计师或者设计团队，以便于他们向业主提出调整反馈或者改善性建议。使用后的维护管理工作必须时刻进行，才能保持环境清洁，是建筑物、构筑物及设施不被破坏，保持植物或者动物的正常生长，确保使用者在环境中的安全、舒适、方便，这样才能保持并完善设计的效果。

居住环境艺术设计是一项具体的、艰苦的工作。从整体设计程序来看，一个好的设计师不但要有良好的教育和修养，还应该是出色的外交家，能够协调好在设计中接触到的方方面面的关系。从小区环境艺术设计的筹备工作，到工程结束，环境艺术设计不再只是一种简单的艺术创作和技术建造的专业活动，它已经成为一种社会活动，一种公众参与的社会活动。

第二节　城市居住环境艺术设计的空间组织

一、城市居住环境艺术设计的组合元素

（一）数量

要素可以独自存在，与其周围环境没有明显的关系。但通过重复相加或用其他方法增多后，单个要素就可以与另一个发生视觉关系，这样就产生某种空间效果。通常，一种要素的数量越多，格局或设计就越复杂。

在解决一个设计问题时，增加数量可能会导致复杂局面出现。景观中布置单个建筑，与布置两个或多个建筑相比，是较简单的任务。从建筑群的视觉关系考虑，安排通道和服务设施等会使设计更复杂。

（二）方向

自然要素可以因其形成或生长的方式显示方向。树木自然地向着光源生长，或者可以被风塑造。在景观中，像小径、道路这样的线经常也能产生方向感，引导观者的注意力。当曲线在拐角处消失时更是这样。

可以被要素表示的不同方向有：

（1）升并交叉—从左下到右上

（2）向外

（3）向内并向下

（4）向外旋转

（5）下落从一侧到另一侧

（6）围绕一个中心点旋转

（7）从一个中心点向外

（三）尺寸

尺寸涉及要素的尺度，极端的情况是高、矮、大、小、宽、窄、深、浅。大、高、深的形状给人印象深刻，用于产生力量感，较小的形状也可以因其小而受到尊重。同一要素在尺寸比较中，会产生强烈反差，可以在景观中造成崭新效果。请看下列不同尺寸的对比：

（1）长、短

（2）宽、窄

（3）大、小

（4）形状

形状是最重要的变量之一。线、面、体都有形状。形状涉及线的变化，面、体的边缘的变

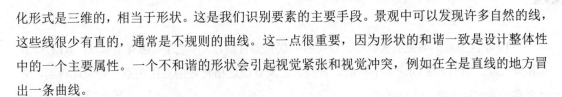

化形式是三维的，相当于形状。这是我们识别要素的主要手段。景观中可以发现许多自然的线，这些线很少有直的，通常是不规则的曲线。这一点很重要，因为形状的和谐一致是设计整体性中的一个主要属性。一个不和谐的形状会引起视觉紧张和视觉冲突，例如在全是直线的地方冒出一条曲线。

二、城市居住环境艺术设计的组合方法

（一）环境景观的平面布局

在居住区环境设计时，如何根据不同的需要来组织不同的环境景观作品，是一个值得思考的问题。对环境景观的平面布局形式而言，它基本包括以下三种布局形式，即规则式布局、自然式布局、混合式布局。

1. 规则式景观布局

规则式布局主要是采用几何图案的构成方式进行布局，如利用正方形、圆形、矩形、弧形等使建筑与景观点之间产生联系，又如在设计水池、花坛的边缘造型时也可利用规则的几何图案来体现人造景物的工艺美。对于规则式的景观布局来讲，通常在轴线的方向上都形成对称与平衡感，能体现出庄重、严肃的气氛。

2. 自然式布局

这种自然式景观布局的方法，是将景观依据自然地形、地貌而进行组织的一种不规则的布局形式，可利用自然地形的高低错落和起伏不平，来形成景观环境的韵律与节奏。例如可通过地貌的各种变化，进行绿化植被的布置，或采用自然丛林的生长方式，以及成团的灌木和散落的复株、单株相结合的构成方式，来划分景观空间，都可使景观环境呈现出朴素、自然的形式美。

3. 混合式布局

混合式布局是指在景观环境中，根据其各部分的不同功能和需要以及它们之间的区域差异性，将自然式设计手法与规则工整式设计方法的使用进行有机组合的一种布局形式。通过这样的布局形式，能取得生动、变化、丰富的景观审美效果。

（二）景观建筑的空间处理

1. 空间构成

（1）当小区景观建筑与绿色环境联系时，应注重处理好平面几何构图与道路的流线，特别应处理好主体景观与环境景观的尺度关系。

（2）当景观建筑形成院落相套时，应在组景序列上，把握景观设计的层次感，由次到主，由轻到重，应让人体会到景观表现的低潮与高潮。

（3）当景观建筑与广场空间组合时，应充分表达广场的文化特征，使广场的空间形式能吸引人流。

2. 空间对比

（1）小区景观的体量有大有小，景观的形状有方有圆。大小之下，必有主有从；方圆之间，必相互关联。景与景之间应善于呼应，景与人之间宜表达出良好的对比关系。若对比得当，人愿近景，若对比不当，人则疏景。

（2）景区组合，时而开敞，时而封闭。当作开敞处理时，应注重处理好不同视觉方向上的景物对比关系。当作封闭处理时，应注重处理景区内部的景观联系与对比。通过恰当的对比，可表现开敞中的景观重点，也可表现封闭中的景观中心。

3. 空间渗透

（1）住宅中的窗户、阳台、门等都是空间渗透的主要元素，通过这些建筑元素，小区景观对象可自然渗透到景区的多个方位。当然，景观渗透的景况从空透到栅透，全都围绕着主景与环境，人的休闲渗透其中，人的感受也充分被展现。

（2）室内与室外是空间渗透的另一个方面。室内可通过中庭或过渡空间，将环境景观元素引入，也可通过门与窗借室外之景。总之，室内外景观的互借，是当今小区景观环境设计的重要方面。

三、现代城市居住空间存在问题及思考

（一）现代城市居住空间存在的问题分析

1. 公共交往空间方面

居住区中的公共交往空间是增进邻里关系和促进居民心理健康发展的重要场所。居住区建设发展到现在，很多新建的小区中都考虑到外部空间的重要性，但在设计和建设中对居住者的心理、交往方式、活动人数和熟知程度考虑不足，不能很好地划分各个空间，而造成已有的公共空间达不到充分利用的效果，缺乏长久的生命力。

在日益增多的独立式高层住宅建筑快速发展的今天，由于地域和用地规模的限制，也能为居民提供一定的公共活动空间，但对于人口密度大的单元楼来说，它所仅有的活动空间远远满足不了居民活动和交往的需要。表面看来，它为居民提供了私密性的居住空间，满足了人们最基本的要求，人们的基本生活活动也能得到满足，但它所造成的社会结果是很多人下班以后就不愿出门，邻里之间关系淡漠，生活压力越来越大。老年人在住区中的比例相对较大，由于缺乏邻里交往和活动休憩的室外场所，会导致老年人的生活内容单一，不利于身心的健康发展，长时间如此，不但居住区内缺乏生气，人们的生活状态也会改变。

因此，居民的户外公共活动场所除了在住宅建筑中考虑外，更应努力营造适合居民身心健康的室外公共空间环境。

2. 景观设计方面

居住区中景观的设计与规划、建筑的设计同等重要，在过去较长的时间内，很多小区中的景观设计都是在规划和建筑布置完毕以后再种植植物、花卉、地被等来填补空缺，造成的结果之一就是景观与小区的整体环境不协调，没有形成不同功能的组团，另外在树种的选择上也没有注意乔木与灌木、针叶与阔叶、落叶与常绿等的自然搭配，致使冬季小区环境萧条，使人感觉更加寒冷，春夏季颜色、层次单一，达不到预想的视觉效果，在种植尺度上也没有考虑到人的需求，这样的景观环境，难以达到以人为本的设计思想。景观的设计是一个复杂的过程，它不仅包括植物的种植，还包括各种功能的活动场所的不同造型和尺度以及各个角度的视觉效果。

因此，城市居住区环境整体设计营造方法是以城市居住区环境形态设计为核心的城市居住区规划、景观、建筑三位一体的设计。

3. 设施小品方面

在居住区中有许多方便人们使用的公共设施，如路灯、指示牌、信报箱、座椅、水池、雕塑、垃圾桶、公告栏、单元牌、自行车棚等等。上述小品如经过精心设计也能成为居住区环境中的闪光点。

但目前大部分的设计仍只停留在纸面上，在实际建设中并没有以人为主题，而只注重形式的完美，没有考虑到人的真正需求。人是环境的主要使用者，无论是环境还是小品，都是为人服务的。小区中的设施小品都是为人而设置的，环境好不能只表现在形式上，还要供人们去欣赏和使用，在户外活动的人们累了就会找座椅区休息，热了要找树荫乘凉，下雨了要找亭子避雨等，每个小品的设置都有它的使用功能。水池、雕塑等设置的目的并不仅仅是为人们观赏，这些都可以增加居民的参与性。还有很多小区中景观、小品的设计没有自身的特点，千篇一律，照抄照搬，不能体现小区的文化背景，减弱居民的归属感。

4. 绿化布置方面

绿化在城市环境或小区环境中有生态功能、物理和化学功能，同时还有调节人们心理和精神状态的功能。小区的绿化设计中，主要是通过人工配置，达到自然形态的效果，或人工修剪的规整效果。目前存在的问题主要有：设计者忽视周围环境和地形特征，使绿化的布置与周围环境不统一，难以实现生态环境景观的连续性；开发商为了其商业目的，对绿化的重视程度不够，实施时间短，建成的大部分绿地很难真正满足公共绿地、组团绿地和宅间绿地的配置要求，重人工环境轻自然环境的现象比较严重。很多设计者认为如果住宅区中没有下沉广场、喷泉水池、雕塑，就不能称之为现代化的高档小区，其实，相对于人工环境本身的功能性、时效性而言，自然环境是具有田园式魅力的，居住区环境建设更应追求丰富多彩的自然化环境。

5. 道路交通组织方面

道路的主要功能就是组织小区内人流和车流的交通问题，在所调研的小区中，很少有考虑到人行安全和舒适度的，大多可供车行的道路旁都没有设置人行道，这样人让车的局面在小区中是很常见的。另外就是路面的停车随意、分散，影响人们的安全、视线和小区内的整体环境形象。

6. 空间设计方面

（1）过渡空间

过渡空间是室内与室外空间有一定联系的空间，它的设置使人们从室内走向室外时会感觉安全、自然。在一些小区中，两楼之间用带顶棚的连廊连接，或单元入口处用门廊将室内外的开敞空间相连接，都可给人以安全感，并可减少天气的影响，成为人们较多停留的场所。设计的尺度应符合人们交往的需求，重要的是应在这些空间布置舒适的座椅，以便更多的居民尤其是老年人光顾。

（2）休息空间

休息空间是小区外部空间环境中必不可少的空间形式，这些空间可在小区中多处以多种功能和形式出现，既要有开放空间，也要有相对私密的空间，还应有良好的采光和通风，每个空间都应设置座椅，以满足人们随时休息的需要。

（3）步行空间

在相同距离条件下，人们是否愿意步行，与步行系统是否方便舒适有很大关系。安全、便捷和光照条件好的人行道，可以鼓励人们步行或自行车外出，这样可以提高居民出行的公共交通利用率，以解决人车共存的矛盾。步行交通系统设计应曲折多变而视域开阔，结构布局应自由灵活而空间流畅，贯穿社区内部的各个活动空间，步道的铺装应使用透水性良好或多孔材料，应有无障碍通道和适当的遮阳挡雨的设施，路边要设有夜间照明，每隔一段距离应设置休息场地，内设座椅、小品等设施，有树荫和阳光等自然环境应将铺地设计与种植和遮光结构结合在一起，避免阳光直射，提高步行的便捷性和舒适性，对于城市的交通环境有很大的意义。

（二）城市居住空间环境设计思考

居住区景观的设计并不仅仅是绿化和小品，还要通过亭、廊、桥等构筑物来形成多样、丰富的空间形态，营造积极、健康、和谐的住区生活。设计手法上要采用点、线、面相结合的多种方式，形成多层次、多视角、多功能的户外开放空间，运用灵活的布景方式，为住户提供优美、便捷、充满生机的外部活动空间。

1. 社区公共空间设计方面

居住区中的空间应根据不同的年龄和不同喜好的居民设计不同的活动空间。例如老年人需要安静、亲切、有休息设施和健身娱乐设施的空间，儿童活动区不仅要选用安全设计标准范围之内的沙坑、水池、玩具等设施，还应根据不同年龄阶段划分不同的功能区；恋人的活动空间应设置在小区环境中相对隐秘、安静处。

住宅是小区中最基本的组成单元，单体住宅的公共空间主要是宅前入口、楼梯间走道和屋顶这三个部分，要创造不同的交往场所，增加邻里交往的机会，就应充分利用这三部分空间。多层住宅户前走道的设计中可采用后退入口部分的方法，形成住户驻留的场所，每两层间的楼梯平台处可设置外挑通透的小中庭，以联系上下层住户的交往，可提高同层和不同楼层间住户的交往频率；高层住宅公共空间的设计中也可采用扩大户前空间和利用走廊的方法创造有利于住户交往的场所；住宅屋顶活动场地的设计可根据不同年龄的住户，设计不同活动内容的户外交流场所，以增强居民的邻里关系和归属感。

外部公共空间主要包括庭院、广场、道路、绿地、小品等，空间的主体是人，空间的各种设计要素都要满足人的需要。建筑的布置应采用多种形式围合或底层架空等方式，形成多种形式的活动空间。利用步行道路避免机动车的干扰，保证人行的安全，步道可与绿化相结合形成多个小空间，再连接小区的公共绿地形成开放性的大空间，也可采用空中走廊的方式。公共活动设施的配置不仅要与周围环境相协调，还要满足居民日常活动的需要。

2. 环境的均好性方面

环境均好性就是小区中的每户居民能获得良好的朝向、采光、通风和景观效果。这是居民主要的选择条件，因此在设计户型和建筑平面组合方式时应与小区内的环境或引入的周边环境相结合，尽可能使所有住户都平等地欣赏和享受到优美的自然景观，要分组团布置建筑，使每个组团都有属于自己的绿地和活动场地。建筑之间要保证合理的日照间距和通风的要求，使整个居住区的内外环境都达到良好的景观效果。

3. 生态性环境设计方面

在城市住宅和景观环境设计中强调生态是为了更好地满足人们健康等方面的需求，生态并不是单一纯粹地在小区内多种树木、多植绿地。"生态住宅"的设计要求我们在节能、节地、节水、节材方面均有精心全面的考虑，以可持续发展为目标，创造节约资源、减少污染的健康、舒适的居住环境。在住宅中，除了要满足功能使用的健康性，还应充分利用太阳能、风能、水能、生物能等各种可再生资源。

生态设计观念下的居住环境景观设计应根据小区所在位置，因地制宜，体现地域特征，充分利用自然地形、原有水系和植被，对原有的生态环境进行保护。材料的选择方面，应就地取材，选用可再生和可利用的环保材料，并有效利用太阳能、风能、中水、雨水等资源，在节约成本的同时美化环境，维护生态平衡，将自然引入到居民身边，形成人与植物、动物和谐共生的生态环境的统一体。

4. 地域文化和景观设计方面

传统建筑之所以被人钟爱，其原因在于它适应当地风土人情、地理环境，满足了人们对自身的、民族的历史和文化的认同，设计思想中体现了富有地方特色的格局和历史文化的元素。住区的整体布局、建筑形式、地理气象等因素都应力求传承地域传统，在形态上注重建筑环境、空间和造型上的对立统一，强调和谐、秩序和韵律，人与建筑、环境融于一体，从而产生强烈的归属感和领域感。

5. 可参与性设计方面

居住区环境设计不仅仅是为了营造人的视觉景观效果,其目的最终还是为了居住者的使用。居住区环境是人们接触自然、亲近自然的场所,居住的参与使居住区环境成为人与自然交融的空间。例如,成都一些居住区通过各种喷泉、流水、泳池等水环境,营造可观、可游、可戏的亲水空间,受到人们的喜爱。

第三节 城市居住环境艺术设计的应用实践

一、居住区的道路环境艺术设计

道路环境是由道路两侧的垂直景观建筑、围墙、树木、小品等和水平景观人行道、硬质铺地、草坪等所构成。道路景观的视觉效果，除景观实物直接刺激外，主要取决于人与景观的相对位移速度。当人们快速行走时，人只能对景观的剪影轮廓效果进行识读，当人们漫步景观时，人们对环境景观可以从远至近较为细致地观赏，留下的回忆将更为深刻。

（一）小区道路与周边环境关系

1. 主干道与周边环境

主干道是整个小区的骨架，是形成小区空间环境系统的交通中枢，它应简捷、明确，便于分散车流、人流。在主干道的两翼，应设计好景观环境的层次，高低配合，远近结合。在主干道的节点处，景观应具有标志性和艺术性。由于小区具有组团性，每一户人家景观也具有组团归属感。因此小区主干道应该起到引导人流的作用，应该表现从低潮到高潮的道路景观布局。另外，小区的景观创意设计，应使人感到从平淡到激动，甚至赏景结束后，还会使人产生回味。

2. 次干道与周围环境

人们常常漫步在小区内，赏景、游憩和思索，通过主干道延伸到次干道，伸入组团的内部环境景观。次干道的宽度，应结合居住行人的数量确定，次干道周围的景观应表现得较为细致，可设计为具象景观，也可设计为抽象景观，不但要表现出景观的幽静，还能促使行人产生联想。

3. 趣味道与周边环境

趣味道通常分散布局于各类休闲环境之中，无论是粗犷的片石路、滑润的卵石路，还是朴实的青砖路、美观的陶瓷路，均遍布景观环境的各个角度。在道路形式选择上，常常是材料与地形相结合，在景深的设计上，常常是开阔与幽深相结合。

（二）居住区道路及景观设计

道路景观的意境创作，绝不是单一的，它应面对不同道路的形式、不同道路的周围景观，进行整体构思组景，如竹林与道路的结合，假山与道路的结合，建筑与道路的结合，雕塑与道路的结合等等。总之，应使道路景观吸引人流，环境景观感染人。

道路随着地形的变化而变化，可以从不同方向、不同角度与小区内各个建筑、植物或环境设施共同组合成景观；即使在同一条路上，由于道路的起伏转折，也可在游人面前展现出不同的画面。例如，休闲性人行道两侧的绿化种植，要尽可能形成绿荫带，并串联花台、亭廊、水景、游乐场等，形成休闲空间的有序展开，增强环境景观的层次；居住区内的消防车道与人行道、院落车道合并使用时，可设计成隐蔽式车道，即幅宽的消防车道内种植不妨碍消防车通行的草坪花卉，铺设人行步道，平时作为绿地使用，应急时供消防车使用。这可弱化单纯消防车道的生硬感，提高环境和景观效果。

（三）路缘石及边沟

路缘石设置功能包括确保行人安全，进行交通引导，保持水土，保护种植，区分路面铺装。路缘石可采用预制混凝土、砖、石材和合成树脂材料，高度在 100~500 mm 为宜。

区分路面的路缘，要求铺设高度整齐、统一，局部可采用与路面材料相配的花砖或石料。绿地与混凝土路面、花砖路面、石路面交界处可不设路缘，与沥青路面交界处应设路缘。

（四）道路车挡和缆柱

车挡和缆柱是限制车辆通行和停放的路障设施，其造型设置地点应与道路的景观相协调。车挡和缆柱分为固定式和可移动式，固定车挡可加锁由私人管理。

车挡材料一般采用钢管和不锈钢制作，高度为 70cm 左右；通常设计间距为 60cm。但有轮椅和其他残疾人用车地区，一般按 90 ~ 120cm 的间距设置，并在车挡前后设置 150cm 左右的平路，以便轮椅的通行。

缆柱分为有链条式和无链条式两种。缆柱可用铸铁、不锈钢、混凝土、石材等材料制作，高度一般为 40 ~ 50cm 左右，可作为街道坐凳使用。缆柱间距宜在 120cm 左右，带链条的缆柱间距也可由长度决定，一般不超过 2m 缆柱链条可采用铁链、塑料和粗麻绳制作。

二、居住区的铺装

居住区铺装，是指在居住区环境设计中运用自然或人工的铺地材料，按照一定的方式铺设于地面，形成的地表形式。铺装作为构园的一个要素，其表现形式受到总体设计的影响，根据环境的不同，铺装表现出的风格各异，从而造就了形式丰富、变化多样的铺装。

居住区铺装设计应重视艺术性，从景题联想、因境而成、美感创造、装饰美化各方面探讨小区园林铺装艺术的具体表现手法。小区铺装表现的形式多样，但万变不离其宗，主要通过色彩、形状、质感和尺度各要素的组合产生变化。

（一）色彩

色彩具有鲜明的个性特征，暖色调热烈、兴奋，冷色调优雅、明快。明朗的色调使人轻松、愉快，灰暗的色调则沉稳、宁静。铺地的色彩应与园林空间气氛协调，如儿童游戏场可用色彩鲜艳的铺装，而休息场地宜使用色彩素雅的铺装，灰暗的色调宜用在肃穆的场所，但因为容易造成沉闷的气氛，所以用时要特别小心。

（二）形状

铺装的形状是通过平面构成要素的点、线、形得到表现的。点可以吸引人的视线，成为视觉焦点。在单纯的铺地上，分散布置跳跃的点形图案，能够丰富视觉效果，给空间带来活力。

线的运用比点效果更强,直线带来安全感,曲线具有流动感,折线和波浪线则具有起伏的动感。

(三)质感

质感是由于感触到素材的结构而有材质感。自然面的石板表现出原始的粗犷质感,利用不同质感材料组合所产生的对比效果会使铺装显得生动活泼。尤其是自然材料与人工材料的搭配,往往能使城市中的人造景观体现出自然的氛围。

(四)尺度

铺装图案的尺寸与场地大小有密切的关系。大面积铺装应使用大尺度的图案,这有助于表现统一的整体大效果。如果图案太小,铺装会显得琐碎。

三、居住区的绿化设计

(一)绿化设计基础

居住区的绿化应充分考虑住宅区生态建筑方面的要求,充分考虑保持和利用自然的地形、地貌,发挥其最大的效益。住宅小区的绿地结构系统宜贯穿整个住宅小区的各个具有相应公共性质的户外空间,并尽可能地通达住宅。绿地布局应与住宅小区的步行游憩布局结合并将住宅区的户外活动场地纳入其中。如上海虹桥居住小区,用一条带状绿地与车行道将街坊划分成四个邻里组群,每个组群均向中心绿带开放,每个组群都有一块集中地作为室外公共活动场地,形成了脉络相通、条理清晰的绿化网络。让住宅群体与绿地充分接触,居民易形成明确的环境意象。

另外,绿地及种植具有美化环境、改善生态条件以及防灾的功能。一方面是构建居民户外生活空间,满足各种游憩活动的需要,包括儿童游戏、运动、健身锻炼、散步、休息、游览、娱乐等。另一方面是创造自然环境,利用树木、草地、花卉、水体通过人工水建筑、铺地等手段创建美好的户外环境。

(二)绿地

按照小区规划设计规范的规定,居住小区内公共绿地的总指标,应根据居住区人口规模分别达到:组团不小于 $0.5m^2/$ 人,小区(含组团)不小于 $1m^2/$ 人,居住区(含小区与组团)不小于 $1.5m^2/$ 人,并根据居住规划布局形成统一安排,灵活使用。其他带状,块状公共绿地应同时满足宽度不小于 $8m$,面积不小于 $400m^2$ 的要求。

1. 组团绿地

组团是指为了丰富居住小区空间的外部轮廓,力求人与自然的和谐统一,不把同一单体住宅重复布置,而将高、中、低层不同建筑形式的住宅搭配布置、精心营造。因此对住宅组团中的条型住宅,多采用以变化方向的行列式布置为主,分散布置点式住宅为辅的布局手法。各住宅组团之间由绿地、低层公共建筑隔开,使居住小区成为建筑高低错落、绿地相连、道路便捷、既统一又有变化的整体。

2. 宅间绿地

（1）宅间绿地的设计要求：一方面应结合住宅的类型、平面特点、建筑组合：形式、宅前道路等因素进行布置，创造宅房的庭院绿地景观，区分公共与私人空间领域。另一方面应体现标准化与环境多样化的统一，依据不同的建筑布局，做出宅房及庭院的绿地模范设计。植物的配置应依据地区的土壤及气候条件，居民的爱好以及景观变化而变化。同时应尽力创造特色，使居民有一种归属感。

（2）宅间群建筑空间及绿地

不同的住宅组团及绿地布置形式会形成不同的空间景观。如果宅前没有相对封闭小绿地，可选灌木围合前院，内设草坪、花卉或树木。宅前的私人绿地设计，宜以草坪为主，兼植小树木、花卉及爬藤植物，形成一个开放的绿地空间，这是现代住宅小区典型的景观。

3. 公共绿地

小区的公共绿地是居住区绿化环境的主体，对居民生活有着重要的作用和意义。首先是构建了居民户外生活空间，能够满足人们各种休息活动的需要，包括儿童游戏、运动、锻炼、文化娱乐、社会交往等。其次是美化、净化小区空气，运用各种景观元素如树木、草地、花卉、水体以及人工小品等营造自然环境，提高环境质量。此外，它也可以为防火期间避难起到一定的疏散、防备作用。所以，如何设计公共绿地非常重要。

（三）植物配置

植物配置包括两个方面，一方面是各种植物相互之间的配置，考虑植物种类的选择，树丛的组合，平面的立面的构图、色彩、季相以及园林意境。另一方面是园林植物与其他园林要素如山石、水体、建筑、园路等相互之间的配置。

1. 植物配置的原则

适应绿化的功能要求，适应所在地区的气候、土壤条件和自然植被分布特点，选择抗病虫害强、易养护管理的植物，体现良好的生态环境和地域特点。

充分发挥植物的各种功能和观赏特点，合理配置，常绿与落叶、速生与慢生相结合，构成多层次的复合生态结构，使人工配置的植物群落自然和谐。

植物品种的选择要在统一的基调上力求丰富多样。

要注重种植位置的选择，以免影响室内的采光通风和其他设施的管理维护。

2. 适宜居住种植的植物

适宜居住区种植的植物，分别是乔木、灌木、藤本植物、草本植物、花卉及竹类。

（四）空间绿化

1. 宅旁绿化

宅旁绿地贴近居民，特别具有通达性和实用观赏性。宅旁绿地的种植应考虑建筑物的朝向，如在华北地区，建筑物南面不宜种植过密，会影响通风和采光，近窗不宜种高大灌木。而在建筑物的西面，需要种植高大阔叶乔木，对夏天降温有明显的效果。

宅旁绿地应设计方便居民行走及滞留的适量硬质铺地，并配置耐践踏的草坪。阴影区宜种植耐阴植物。

2. 隔离绿化

居住区道路两侧应栽种乔木、灌木和草本植物，以减少交通造成的尘土、噪音及有害气体，这也有利于沿街住宅室内保持安静和卫生。行道树应尽量选择枝冠水平伸展的乔木，可起到遮阳降温作用。

公共建筑与住宅之间应设置隔离绿地，多用乔木和灌木构成浓密的绿色屏障，以保持居住区的安静。居住区内的垃圾站、锅炉房、变电站、变电箱等欠美观的所在可用灌木或乔木加以遮蔽。

3. 空间绿化

底层架空广泛适用于南方亚热带气候区的住宅，利于居住院落的通风和小气候的调节，方便居住者遮阳避雨，并起到绿化景观的相互渗透作用。架空层内宜种植耐阴的花草灌木，局部不通风的地段可布置山水景观。架空层作为居住者在户外活动的半公共空间，可配置适量的活动和休闲设施。

4. 屋顶绿化

屋顶绿化分为坡度面和平屋面绿化两种，应该根据生态条件种植耐旱、耐移栽、生命力强、外形较低矮的植物。坡度面多选择贴伏状藤本或攀缘植物。平屋面以种植观赏性较强的花木为主，并适当配置水池、花架等小品，形成周边式和庭园式绿化。

屋顶绿化数量和建筑小品放置位置，需经过荷载计算确定。考虑绿化的平屋顶荷载为 $500 \sim 1000 \text{kg/m}^2$。为了减轻屋顶的荷载，栽培介质常用轻质材料，按需要比例混合而成（如营养土、木屑等）。屋顶绿化可用人工浇灌，也可采用小型喷灌系统和低压滴灌系统。

第七章　城市地下空间环境艺术设计与应用

第一节　城市地下空间环境与人文艺术

城市地下空间开发利用虽然历经百余年，但对于地下空间环境的认知，人们还是存在种种偏见，总认为地下空间是一个密不透风、不见阳光、潮湿阴暗的环境。随着经济社会发展和科学技术、施工工艺的进步，如今人们对于地下空间环境营造，除了满足正常功能及生理舒适性需求外，还需要融入人文环境艺术设计，以满足人们对景观艺术和人文气息的需求。这种需求具体表现在对地下空间环境的色彩与光影、动态与活力、标志与细部等艺术效果的追求和塑造，以及对城市文脉和地域特征的传承和体现。很多以人为主要服务对象的地下空间环境设计都兼顾了功能与美观等各项需求，都需要进行地下空间环境的人文艺术设计。

一、城市地下空间环境艺术设计的重点领域

综合考量国内外城市地下空间环境艺术营造的对象与效果，结合我国城市地下空间开发利用趋势与环境艺术营造的需求特点，从以下三方面进行论述。

（一）地下空间环境的整体营造

地下空间环境的整体营造主要是运用建筑设计中的空间营造方法和景观设计理论，结合人文环境艺术对地下空间环境进行整体创意设计。具体来说就是通过地下空间环境对人们产生的心理和生理两方面的影响进行分析，用室内设计和景观设计营造出舒适、具有空间感的地下空间环境。在室内设计方面通过设计重新塑造地下空间，运用色彩、灯光、装饰图形与材料等，营造出舒适的、具有美感的室内空间，并利用现代视听设备同步接收外界信号等手段，改善地下公共空间给人的不良心理感受；在景观设计方面尽可能地引入自然光线和外部景观元素，使地下空间具有灵动的空间感、生动的视觉感。我们欣喜地发现，如今的城市地下公共空间营造，还特别重视标识系统的设立，常常会让人们忘记身处地下，使用者的安全感和方向感与地面无异。

（二）地铁车站环境艺术设计

城市地铁已经成为国内外大城市规模化、秩序化开发利用地下空间的主要形式，地铁车站是人群使用最频繁，直接影响人群生理、心理及舒适性和安全性的空间。因此，车站空间景观环境的艺术设计显得尤为重要。地铁车站环境也是展现城市精神风貌和地域特色的微型窗口，能够提升城市的文化底蕴和艺术品位。地铁车站作为一种特殊建筑，已经不仅仅被看作一种交

通设施，承载了再造城市文化景象的"地标"属性。

地铁车站的环境艺术设计是把抽象的环境艺术设计理念落实到具象的地铁车站功能中，是一个复杂而系统的环境艺术设计。该系统从功能空间层面上关注空间序列的组织、空间氛围的营造及空间界面的塑造；从感官视觉层面上关注传达导引的明晰、灯光照明的适度、材质色彩的和谐；从行为心理层面上关注本土化设计、无障碍设计等。除此以外，在诸多层面之间交叉的设计关注点，都属于地铁车站的环境艺术设计范畴。

（三）地下综合体环境艺术设计

城市地上地下一体化整合建设的地下综合体作为新兴的城市空间，其环境艺术的设计需要综合考虑外部空间和内部空间的人性化设计，既要体现生态景观的功能，又要发挥文化展示的功能。

地下综合体需要通过采光、通风、温控设施等来调节室内环境。在设计中，将地下综合体内部的设施位置与周边环境共同整合设计，可以在很大程度上降低其对公共空间景观风貌的影响，甚至可以很好地优化环境，形成独具特色的地标景观。

城市地下空间的规划设计由丰富的内容组成，环境人文与艺术是两个重要的组成部分。通过地下空间环境设计，能较好地消除地下空间对人们的负面影响，创造出舒适的地下空间环境。通过人文艺术设计能彰显城市的文化层次和品位，从而展示城市形象、宣传城市文明。

二、地下空间环境人文

（一）地下空间环境人文的定义

人文就是人类文化中的先进部分和核心部分，即先进的价值观及其规范，其集中体现是重视人、尊重人、关心人和爱护人。地下空间环境人文，是人本的地下空间，它体现了以人为本的思想，是古今中外人本思想的集中体现；地下空间环境人文，是在地下空间环境中表现民族文化，是传统的地方文化与现代的城市文化的演变融合。

将民族文化、传统文化、现代文化和商业文化等融入地下空间环境设计和使用之中，在日常使用中体现人文关怀和人文精神，通过地下空间环境人文的建设，将使地下空间不仅成为人们休闲、娱乐和商业活动等的使用空间，而且能成为展示城市形象、宣传城市文明的窗口。

（二）地下空间环境人文的特点

1. 以人为本的理念

由于地下空间容易带给人们心理和生理上的不适，所以在地下空间开发利用中，不论从总体规划还是设施细节，处处都应体现"以人为本"的理念。只有以人本精神作为地下空间开发设计的中心思想，将人的需求和进步的需要放在第一位，才能为人们提供舒适宜人的空间。如通道、出入站口或步行街等，要设计得简洁明了、易于识别，让人们一目了然，以便人们对地下空间的方位、路线作出判断。除此之外，还应在地下空间的各个出入口上设置足够清晰的指引标识（如路标、地图、指示牌等），引导人流、物流在地下空间顺利行进。

2. 民族地域特色

地域文化可以说是某一地方特殊的生活方式或生活道理，包括这里的一切人造制品、知识、信仰、价值和规范等，它综合反映了当地社会、经济、观念、生态、习俗以及自然的特点，是该地域民族情感的根基。因而在进行城市与建筑空间环境规划设计时，除了应尊重地域的各种自然条件外，还要全面了解其地域文化的情况。在空间环境的大小和组合中，在空间环境的装饰文化艺术里，包括绘画、雕塑、图案、文学、书法以及家具、花木、色彩和地方建筑材料与构造作法等，根据新时代的新要求，吸取传统的地域文化的精华，并加入新内容，突出地域文化的特点，以符合各地域民族新的生活需求。

3. 个性鲜明的主题

在各国地下空间文化建设中，文化资源往往是通过具有鲜明特色的主题文化体现出来。主题文化是城市的符号和底色，是提高城市吸引力和创造力的载体，可以通过环境小品、绿化、座椅、电话亭等设置，创造多样化、人性化的地下空间文化。

4. 不同文化的交融

传统文化与现代文化交流融合成地下空间文化，传统的历史文化是城市的价值体现，而现代的人们又在享受着现代科技带来的时尚生活。现在人们已经越来越认识到保护传统历史文化的重要性，更加重视文化传承，保存传统文化的精髓，协调自然环境，并融入现代时尚的文化，以此来满足人们日益更新的物质和精神需求。

5. 绿色环保的理念

绿色是生命、健康的象征。地下空间内引入绿色植物，不但可以营造富有生机、活力，安全、舒适、和谐的地下空间环境，还能通过绿色植物在光合作用下呼出氧气、吸入二氧化碳，起到净化空气、改善空气环境的作用。绿色还能使身处地下空间中的人们忘却自己身在地下，消除地下空间环境给人们带来的封闭、压抑、沉闷、不健康、不安全、不舒适等感觉。

当代中国正处于快速发展中，我们比以往任何时候都更强烈地渴求积极健康的生活方式，以及由积极健康的生活方式带来的人文品质。地下空间环境人文的理念中包含着当下人们奋力拼搏的精神风貌、豁达开朗的胸襟气度，它还是一个实践性强、可持续性强的城市战略，把城市地下空间的规划利用和人文的理念相结合，把城市建设的硬件设施与优化的软件设施相结合，把城市建设的指标与市民人文素质和生活质量的提高相结合，应是城市工作者、管理者不懈的追求。可以预言，地下空间人文的建设必将在城市的现代化建设中发挥出巨大的积极作用。

第二节 地下综合体环境艺术设计应用

一、环境艺术设计要点

城市地下综合体的产生是随着地下街和地下交通枢纽的建设而逐步发展的，其初期阶段是以独立功能的地下空间公共建筑而出现的。伴随着社会的高度发展，城市繁华地带拥挤、紧张的局面带来的矛盾日益突出。高层建筑密集、地面空间环境的恶化促进了城市，尤其是城市中心区的立体化再开发活动，原本在地面的一部分交通功能、市政公用设施、商业建筑功能，随着城市的立体化开发被置于城市地下空间中，使多种类型和多种功能的地下建筑物和构筑物连接到一起，形成功能互补、空间互通的综合地下空间，称为地下城市综合体，简称地下综合体。

城市地上地下一体化整合建设的综合体作为新兴的城市建筑空间，其环境艺术的设计需要综合考虑外部空间和内部空间的人性化设计，既要体现生态景观的功能，又要发挥文化展示的功能。

地下综合体需要通过采光、通风、温控设施等来调节室内环境，这些设施通常有设备空间且需要布置于地面上，包括人行道、绿地、广场等，有时则结合建筑布局。外露地面设施不可避免地会对城市视觉景观产生破坏，设备产生的废气、噪声和热量等也会给人们带来心理和生理上的厌恶情绪，如果布置在人流比较集中的公共区域，还会对城市活动和地面交通造成负面的影响。在设计中，通过整合地下综合体的外露地面设施和城市环境，将地下综合体内部的设施与周边环境共同整合设计，可以很大程度上降低其对公共空间景观风貌的影响，甚至可以形成独具特色的地标景观。

（一）设计原则

对地下综合体进行人文环境艺术设计，是将人文环境艺术的设计理念应用到城市综合体的设计中，提升地下综合体的环境价值和艺术价值。这样的设计不仅会给人们带来快捷和便利，也将带来健康和舒适。为了满足地下综合体人文环境艺术设计的功能需求和价值追求，在创作时必须遵循几条基本的原则。

1. 整体性

在地下综合体环境艺术设计中，除了具体的实体元素外，还涉及大量的意识、思想等理念，可以说地下综合体人文环境艺术设计是物质和精神的大融合，必须从整体上进行通盘考虑，要注重周边环境的营造和融入，体现人文环境艺术设计的整体规划思想。在人文环境艺术设计中，要充分运用自然因素和人工因素，让其有机融合。可以说，整体和谐的原则就是要强调局部构成整体，不做局部和局部的简单叠加，而是要在统筹局部的基础上提炼出一个总体和谐的设计理念。从更高层面上讲，环境艺术设计中的整体规划原则，要体现人和环境的共融与共生，使二者相得益彰。

2. 生态美学

地下综合体环境艺术的设计应在景观美学的基础上，更加注重其生态效益，即给予生态美学更多的关注。在进行地下综合环境艺术的设计时，应遵从生态美学的两大原则，即最大绿色原则和健康可持续原则，使设计体现出地下综合体景观的自然性、独特性、愉悦性和可观赏性。

3. 人性化

对地下综合体环境艺术的设计，应认识人与环境的相互关系。环境是相对于人类而言的，人类在从事各类活动时，在被动适应环境的同时会下意识地改造环境、为我所用。所以环境的设计要强化和突出人的主体地位，要能够满足人的初级层面需求，将"以人为本"的概念融入对地下综合体环境艺术的设计中去。在设计中做到关心人、尊重人，创造出不同性质、不同功能、各具特色的生态景观，以适应不同年龄、不同阶层、不同职业使用者的多样化需求。

4. 与时俱进

地下综合体环境艺术的设计脱离不了本土化和民族化，故而必须对传统设计有所继承和发扬，尤其对有着几千年文化底蕴的中国而言，如何把中国传统设计中好的元素加以传承，已成为中国环境设计师的必修课程。如传承中国传统设计中追求的雅致、情趣等意境，利用自然景物来表现人的情操。另一方面，环境设计又必须适应时代的发展和需求，在传承的基础上，集合时代的特征，有所创新和突破，赋予设计以新的内涵，而不是一味地复古。

5. 科学发展模式

在今天人类大肆破坏环境的背景中，科学发展越来越得到人类的高度重视。从本源上讲，我们开发和利用自然是为了更好地改善自己的生存、生活环境，但过度的开发和无节制的滥采，不仅造成了自然资源的损减，更使环境遭到严重的破坏。科学发展的原则，是要求环境艺术设计必须真正落实到"绿色设计"和"可持续发展"上。设计过程中，我们一定要有"环境为现代人使用，更要留给子孙后代"的意识。从具体的地域环境设计或室内环境设计看，除了低碳环保的要求，还要注重材料本身的健康和使用寿命，要体现环境设计的前瞻性和可预见性，不能因为一时的美观和实用，有损长久的生存和发展。

（二）设计策略

城市地下综合体与城市空间相互渗透、融合，吸纳了更丰富的城市功能，其所具有的开放和公共属性越来越显著。另外，城市地下综合体的建设也带来了城市基面的立体化发展，创造了丰富的城市空间形态，为活动人群提供了体验空间环境的多层次视角，在体现城市环境特色方面体现出了巨大的潜力和优势。因此，城市地下综合体的空间环境已经突破单纯的室内环境的范畴，而成为城市环境体系中的组成部分。强化地下空间环境的特色化和场所感是提高地下空间环境品质的有效途径，也是实现与城市整体环境互动发展的载体。强化地下城市综合体环境艺术的策略主要体现在三个方面。

第一，延续地面城市意象；

第二，体现公共空间属性，强化整体认知意象；

第三，增强文化认同感，塑造场所精神。

城市地下综合体的场所精神随着时代的演进在不断发展变化，在城市地下综合体设计中应该具有一个可持续的全面的场所文化观，包含对过去的关怀、对当下的包容，以及对未来的展望，反映出场所空间对不断发展变化的生活形态的适应，促成城市场所精神的"现代性"转变。

二、下沉广场环境艺术设计

（一）景观特性

1. 步行性

步行是一种市民最普遍的行为方式，也是一种当今社会被人们公认的健康的锻炼方式。步行性是城市广场的主要特征，它是城市广场的共享性和良好环境形成的必要前提，它为人们在广场上休闲娱乐提供了舒缓的节奏。由于下沉广场地面高差的变化，人们常选择步行的方式进入广场内部，也往往通过步行在广场中享受休闲娱乐。因此在对下沉广场进行景观设计时要考虑为人们提供在下沉广场中步行的适宜的环境氛围和空间尺度。

2. 休闲性

下沉广场休闲性的一个重要根源来自它独立的形态。由于其竖向发展，下沉广场阴角型城市外部空间形成一种亲切的、令人心理安定的场所。事实上，下沉广场空间跌落下沉的重要界定方式在相当大的程度上隔绝了外部视觉干扰和噪声污染，在喧嚣的都市环境中开辟出一处相对宁静、洁净的天地。

（二）设计原则

1. 整体性

下沉广场作为开放空间，在城市中不是孤立存在的，它应该和城市的其他空间形成完整的体系，共同达到城市的空间系统目标和生态环境目标，即居民户外活动均好、历史景观的保护等。把握下沉广场整体设计的原则对城市景观的意义重大。换句话说，就是从城市的整体出发，以城市的空间目标和生态目标为依据，研究商业区、居住区、娱乐区、行政区、风景区的分布和联系，考虑下沉广场应建设在什么位置、建设成多大规模，采取适宜的设计方法，从总体宏观上，发挥下沉广场改善居民生活环境、塑造城市形象、优化城市空间的作用。

城市下沉广场景观设计时对整体性的把握应注意以下几点。

（1）与周围建筑环境的协调

下沉广场多由建筑的底层立面围合而成，围合的建筑是形成下沉广场环境的重要因素。下沉广场内的整体风格要与周围的建筑风格相一致。在设计中，无论是大的基面、边围，还是具体的植物、设施，都应该注意在尺度、质感、历史文脉等方面与广场外围的整体建筑环境风格协调一致。

（2）与整体环境在空间比例上的协调

作为城市内的开放空间，下沉广场的空间比例也要与周边环境协调一致。如果局部区域的整体空间比例较开敞，而下沉广场下沉的深度与其大小的比值过大，就会形成"井"的感觉，影响整体城市的意向。

下沉广场空间比例上的整体性还体现在广场的内部，要注意广场中的台阶、踏步、栏杆、座椅等各种设施的尺度与广场的整体空间尺度相协调，既不能小空间放大设施，也不能大空间小设施，以免造成空间的紧张压抑或空旷单调。

（3）考虑广场交通组织

设计中要注重广场内的交通与场外的城市交通合理顺畅地衔接，提高下沉广场的可达性。下沉广场的选址及其出入口的设置都是下沉广场内部交通与场外交通整体性把握的关键。对于交通功能型下沉广场，对其整体交通组织的把握更是关键。设计中不仅要起到交通枢纽的作用，也要同时考虑行人穿行的便利。

2．人性化

要想设计出真正人性化的作品，就要综合考虑不同人群的生理需求及心理需求，切忌盲目追求所谓的形式艺术。真正的艺术也应该是为人类服务的，而不应该违背人性关怀的宗旨。在设计中人性化的设计原则不仅体现在下沉广场功能的丰富性上，更体现在环境设计中对人们行为心理的思考和关注。只有抓住人们内心对广场空间真正的需求，才能提高场所的舒适度，使其具有独特的魅力。

3．生态性

人类在建设城市活动中的生态思想经历了生态自发—生态失落—生态觉醒—生态自觉四个阶段。生态性原则就是要走可持续发展的道路，要遵循生态规律，包括生态进化规律、生态平衡规律、生态优化规律、生态经济规律，体现实事求是，因地制宜，合理布局，扬长避短。近年来，科学家们都在探索人类向自然生态环境复归的问题。下沉广场作为城市开放空间系统的一部分，也应当坚持生态性设计的原则。

4．情感性

情感是人性的重要组成部分，有了它的存在，空间才会富有生机，因此，情感以及空间的情感化是人性化空间环境的有机组成部分。然而人口的聚集以及交通工具的迅速发展，使城市的空间结构日益膨胀和复杂，城市问题也应运而生。城市的迅猛发展使人忽略了自身的情感需求，一味追求功能化、经济化，机械的价值观代替了以往的人本主义价值观，城市中的情感空间日益减少，灰空间、失落空间不断增加。

现代社会追求的情感空间的情景统一比过去具有更广阔的含义和特征。现代人的生活是丰富多样、自由自在的，人们需要的是类似于传统广场、街道带来的人性化感受的同时，又富有新时代特征的多样化、平等、共享的城市情感空间。因此，在下沉广场景观设计中创造情感空间应当具备以下特征：

（1）宜人的尺度

应当按照人的感性尺度进行设计，空旷的大空间容易使人产生失落感，压抑的小空间使人产生紧张感。在对下沉广场的景观设计中应注重空间尺度，创造变化且多联系的小型化空间。

（2）舒适性

首先是要满足安全性的基本要求，包括为人提供不受干扰的步行环境，不使空间产生视线死角，在夜间增加照明使人产生安全感。除此，还要满足人的私密心理。如此，才能为人们提供一个身心放松、释放情感的环境空间。要考虑人们真正的心理需求，营造让人们感觉亲切舒适的多层次空间环境。

（3）自然性

虽然生活在城市中，但是我们渴望回归自然。一个和谐自然的空间少不了植物和水景的应用。在下沉广场的景观设计中要合理应用植物与水体，创建自然和谐的公共空间。

5. 文脉性

文脉最早源于语言学范畴，它是一个在特定的空间发展起来的历史范畴，包含着极其广泛的内容，从狭义上解释即"一种文化的脉络"。文脉的构成要素非常多，大到城市布局、景点设置、地形构造，小到一幢房屋、一座桥、一尊雕塑、一块碑等，都是文脉的体现。当游人踏上一块陌生的土地，景观就是他们了解这座城市历史文脉的最直观途径。所以在设计一个下沉广场时，要时刻注意文脉的体现，既不能抛开不管，也不能生搬硬套盲目强求。具体在文脉设计中，要把握好以下原则。

（1）空间的连续性

空间连续性是指下沉广场虽然有相对明确的界限，但是在景观设计上不能脱离周围的文脉特点，要与周边的建筑和谐一致。

（2）历史的延续性

历史延续性原则是在下沉广场的设计中要反映出这座城市悠久的历史文化特色。

（3）人的生存方式与行为方式的绵延

人的生存方式与行为方式的绵延原则也可以理解成以人为本的原则，也就是下沉广场的设计要考虑对人类生存方式与行为方式的支持。设计师必须了解设计项目所在的地区，其原有居民有着怎样的生产和生活方式，这种生产和生活方式有可能延续了数百年，有着丰富的民俗、文化的内涵，在设计的过程中，应当尽可能兼顾和关照到原有的居民生产、生活方式，使其得以保存。

6. 时代性

人生活在特定的社会和特定的时代，审美观念受时代的影响。在下沉广场的景观设计中，除了要传承文脉的特色，也要注意体现时代的审美意识。我们既要借鉴前人的设计美学观念，更要以现代人的视点去研究设计美学，从而建立现代城市公共艺术设计的审美意识，指导下沉广场的景观设计，使广场既能体现当代都市风尚，又不失文化传承。

三、共享空间环境艺术设计

城市地下综合体的共享空间应该迎合人们的心理需求，吸引人们的脚步。地下商场应当营造良好的购物环境，从而吸引顾客；地下文化建筑应当营造良好的文化气息，消除地下空间封闭、阴冷的感觉，使进入者获得精神上的享受；交通建筑应当让人觉得安全方便，流畅快捷。这就要求城市地下综合体对共享空间的环境艺术设计予以重视，提升地下综合体共享空间的环境品质。

（一）营造舒适感

在地下空间环境的共享空间设计中，首先要从空间考虑，在建筑设计一次空间的基础上进行深入设计，考虑空间的私密性，使空间布局合理，符合使用规律，创造使用上的舒适性。同时应注意二次空间的形态，避免比例狭长不当的空间带来不舒适。视觉上的舒适感一方面取决于空间本身的舒适程度，即它的比例与形态等，另一方面则由室内空间中的光线、色彩、图案、质感、陈设等决定。此外，在地下建筑室内设计中应特别考虑听觉、嗅觉、触觉方面的舒适性，通过控制噪声，设置背景音乐，利用采暖、通风、制冷、除湿设备等方法来解决机械噪声大以及寒冷、潮湿、通风差、空气质量不好等问题。

共享空间是人们活动的地方，它不是一个静止的视觉形象，必须考虑人流活动的多样性与多变性，以创造丰富的、富有层次的共享空间环境。此外，还应能提供灵活的空间，有助于人们根据需要调整和改变他们的环境。这也是一种舒适性的要求。

（二）设计宽敞感

共享空间设计可以通过体量、空间的比例尺度、界面的虚实，以及色彩、光的明暗处理创造出室内空间感。空间感既指空间的实际大小，也指空间处理后给人的心理上的体验。地下无窗建筑物的封闭感要求地下建筑的室内设计应具有宽敞的空间。除了提供较大的空间外，地下建筑室内宽敞感的创造还受视觉、错觉、光、色彩、图案及空间中家具陈设的布置与设计的影响。

空间的自由度也影响到人对空间宽敞的感知。一个具有宽敞感的空间，使用起来比较方便，人在其中的活动也自由通畅，不会产生拥挤堵塞的感觉。事实上，宽敞感的意义远超出空间实际大小的概念。一个实际面积较小但经过精心设计与组织的房间会比一个较大的但缺少空间自由度的房间感觉要宽敞。

在地下空间建筑设计中，当建筑设计完成后，就需要在一次空间的基础上，根据建筑的不同功能需求，合理组织安排空间与流线，创造不同的空间。二次空间的创造不一定完全需要依靠实体围合空间，可以借用家具、绿化、水体、陈设、隔断等多种方式创造出一种虚拟空间，又称心理空间。这一点与地面建筑并无本质区别。

地下空间环境中的二次空间形态构成有以下几种方式：①绝对分隔，即根据功能的要求，形成实体围合空间；②局部分隔，就是在大的一次空间中再次限定出小的，更合乎人体尺度的宜人的空间；③象征性分隔，即通过空间的顶、底界面的高低变化以及地面材料、图案的变化来限定空间；④弹性分隔，这是一种根据功能变化可随时调整的分隔空间的方式。这里需要强调的一点是在地下建筑室内设计中，二次空间的限定与分隔应具有整体感，空间流线宜简洁明了，避免过分复杂的变化，防止人们在地下空间中迷失方向，为地下建筑的防灾设计提供便利。

（三）加强方向感

对于地下空间环境，一般情况下，人们很难体验到其外部形状，而仅仅能对内部的空间有大致的了解。地下空间形态通常较为单一，缺少地面环境的参照，因此地下空间的功能特征不是很明确，也就是说对于特定用途的空间，很难从空间的角度来确定其性格特征；地下空间由于缺少参照物及自然光线，光线亮度不够，再加上空间较为封闭，人的视线有限，人们很容易丧失方向感。随着城市地下设施利用形式趋向将地下商业空间、地下交通空间及其他地下公共空间连接在一起的复合化开发利用，复杂的功能布局也影响到人们的方向定位。

进入一个陌生的地下空间环境，人们只能依靠完善的标示系统来到达自己的目的地。因此，标示系统在地下公共空间的重要作用不容置疑。地下公共空间标示系统的完善与否直接影响人们对地下公共空间的评价。可以说，随着城市地下空间开发利用规模的日益扩大，其标示系统的重要性也愈加突显。通过合理设置各种标示系统不仅可以更好地引导人流，缓解人们潜在的心理压力和紧张情绪，还能进一步营造出地下公共空间风格独特、舒适愉悦的环境氛围，更多地体现出对地下空间使用者的关怀。

有效的标示系统在地下建筑室内设计中非常重要，它主要由招牌和地图组成，以加强和补充建筑的可读性。在那些复杂的、不易理解的地下环境中，人们往往只有依靠清晰的标识设计来辨别方向。

（四）组织流动感

由于地下空间封闭内向，因此特别强调流动空间的创造，尤其是在交往和娱乐的公共空间中，需要创造一种动态的气氛环境来打破地下空间的封闭和沉寂。可利用一些动态要素，利用人在空间中的流动，结合丰富的光影变化、结合室外环境的自然景色，为地下空间环境增添生机与活力。

四、水环境艺术设计

水环境艺术设计，就是将水作材料运用在空间设计中，配合其他材料综合运用，形成一个个区域的水空间，既能调节整个大环境，又能达到风格的统一，令空间品位升华。水环境的出现之所以逐渐受到人们的重视，不仅因为水环境（诸如喷泉和瀑布）能为空间添加声音和动感，还因为它能把更多的氧气送到空气中，增加空气湿度。作为地下空间设计来说，设计水环境的主要原因是它们能更好地将周围环境因素、空间内的整体氛围相统一，并且营造出一种处于地面大自然环境中的感觉。

此外，亦可依环境需要对水体作单独的设计，让其伴随空间的层次而加以改变。水景处理具有独特的环境效应，可活跃空间气氛，增加空间的连贯性和趣味性，利用水体倒影、光影变幻产生出各种艺术效果。

（一）表现形式

水环境有静态水环境和动态水环境之分，但其设计目的基本一致，即做到地下设计地上化。设计师通过设计把自然引入地下，使地下空间更加灵动。水环境所体现的形式十分丰富，常见类型有以下几种：

1. 水帘与水幕

利用水起到分割空间和降温增湿的作用，一般都借助玻璃、墙体等垂直高大的物体来设计，使水从高处倾泻而下，形成一个垂直平面的水的帘幕，从而营造出一种朦胧、惬意的气氛，例如现代很多餐饮空间的设计，就引用水幕作为隔断进行空间分区。

2. 涌泉

一般是使水从水池底部涌出，在水面形成翻涌的水头，也可使水从特殊加工的卵石、陶瓷或其他构造物表面涌出。涌泉有流水的动感，却没有水花飞溅，也没有大的声响，可以营造一种宁静的气氛，在地下空间中独具特色。

3. 管流

水从管状物中流出称为管流。以竹竿或其他空心的管状物组成管流水景，可以营造出返璞归真的乡野情趣，其产生的水声也可构成一种不错的效果，此水景多用于茶馆等高雅的地下空间环境，给人造成一种"高山流水"的感觉。

4. 虚景

此处的"虚"水是相对于实际水体而言的，它是一种意向性的水景，是用具有地域特征的造园要素如石块、沙粒、野草等仿照大自然中自然水体的形状，来营造意向中的水。如地中海风格中的沙石墙面、贝壳、海螺等元素的带入都是为了强调海洋的理念，虽然设计中没有出现"水"，却给人一种"水"的感觉。

（二）设计要求

1. 功能性

水环境的基本功能是供人观赏，它必须是能够给人带来美感，予人赏心悦目的体验，所以设计首先要满足艺术美感。但是随着水环境在地下空间领域的应用，人们已经不再满足于观赏要求，更需要亲水、戏水的感受。设计中可以考虑将各种戏水旱喷泉、涉水小溪、戏水泳池、气泡水池等引入设计中，使景观水体与戏水娱乐水体合二为一，丰富水环境的功能。

水景具有微气候的调节功能。水帘、水幕、各种喷泉都有降尘、净化空气及调节湿度的作用，尤其是它能明显增加环境中的负氧离子浓度，使人感到心情舒畅，具有一定的保健作用。

2. 整体性

人们对建筑景观的第一印象不是建筑造型的独特和出类拔萃，而是它与其周围环境的协调和空间环境的组合，即建筑环境空间的整体美。

水环境是工程技术与艺术设计结合的产品，它可以是一个独立的作品。而一个好的作品，必须根据它所处的环境氛围、建筑功能要求进行设计，地下水环境局限性要比室外水景局限性大很多，所以要充分考虑地理位置、空间大小、景观植物的配置等，并且必须与地下设计的风格协调统一。

3. 经济性

在总体设计中，不仅要考虑最佳效果，同时也要考虑系统运行的经济性。不同的水体、不同的造型、不同的水势，运行经济性是不同的。如在北方比较缺水的城市，居住环境中的人工水环境设计应加以充分的利用，应以小而精取胜，尽量减少水的损耗。在设计的过程中，设计师应考虑到水体的养护问题，使其真正做到"流水不腐"。在选材时应注意，自然的材质看起来最容易与水融合，木材、石头、玻璃和陶土可以与水和植物形成最佳的组合，从而让使用者感到更亲近自然。

4. 文化的可持续性

文化的可持续性体现为传统与现代的结合、本土化的设计等。一个优秀的设计作品不仅要与周围的自然环境浑然一体，同时必须具有文化内涵，要与民族文化传统融为一体。

5. 可靠的技术支持

景观设计一般由建筑、结构、给排水、电气、绿化等专业组成，水景设计更需要水体、水质控制这一关键要素。如何使区域内的水位保持恒定标高，如何使水质达到设计要求（物理与化学治理），这些都需要强大的技术支持。

6. 生态审美性

生态审美在注重景观外在美的同时，更加注重景观的内涵。其特征有：

（1）生命美：作为生态体系的一分子，景观要对生态环境的循环过程起促进而非破坏作用。

（2）和谐美：人工与自然和谐共生、浑然一体，在这里和谐已不仅指视觉上的融洽，还包括物尽其用、可持续发展。

（3）健康美：景观服务于人，在实现与自然环境和谐共生的前提下，环境景观应当满足人类生理和心理的需求。

（三）设计功效

1. 净化环境和消除噪声

水纯净、清爽，水的声响对人有凝神镇定的作用，潺潺的水声非常悦耳，流速缓慢的水声像蝉声一样能使空间变得更加恬静，喷泉的水声在大的空间里会压制人的喧闹声和周围的嘈杂声。因此，在地下设置水景，不仅能净化空气，而且能缓和并掩盖地上四周交通的噪声。

2. 降温

在地下空间内设水面，能利用蒸发来降低地下建筑室内的温度，环境中的人工水帘、水幕和喷泉可以提高蒸发降温的效果。近年来，在建筑的玻璃外壁上应用水幕、壁泉的实例日益增多。这种水景景观效应好、有动感，还有降温作用。

3. 增益于景观

水体受自然地理环境影响与制约，它的形态变化也对环境产生影响。水可能是所有景观设计元素中最具吸引力的一种，它极具可塑性，可静、可动、可发出声音，可以映射周围景物，既可单独作为艺术品的主体，也可以与建筑物、雕塑、植物或其他艺术品组合，创造出独具风格的景观。在有水的景观中，水是景致的串联者，也是景致的导演者，水因其不断变化的表现形式而具有无穷的迷人魅力。

五、绿色植物环境艺术设计

无论是在室内空间还是在室外空间，植物都是柔和视觉线条最好的景观元素。地下空间的规划应包含大自然的景观元素，绿色植物可以作为地下室内中庭空间的一个主要视觉因素，即使在很狭小的空间中，植物也可以成为趣味视觉中心。

植物的形式可以很复杂，也可以以相对透空的植物划分空间，透过植物间的缝隙，绿化创造出丰富的视觉效果，使人们感到空间的延伸。植物也可以和光一起使用，从而产生自然多变的光影效果。应选择耐阴性强的植物，通过富有层次感的植栽设计，使地下空间的环境更加清新自然。

由于受到地下空间的限制，许多大自然的生态因素不能被引入地下空间，最适合地下空间的生态因素是水生动植物，因此，一般将生态与水体这两个景观元素放在一起经由水体设计，搭配水生动植物，增加水体的丰富性。

（一）绿化效果与作用

众所周知，绿化是地面自然环境中最普遍、最重要的要素之一，绿色植物象征生命、活力和自然，在视觉上最易引起人们积极的心理反应。将绿化引入地下空间环境，在消除人们对地下与地上空间视觉心理反差方面具有其他因素不可替代的重要作用。地下空间环境中的绿化具有以下效果与作用：

（1）在视觉心理上增加地下空间环境的地面感，减少地下与地上视觉心理环境的反差和人们对地下空间的不良心理反应。

（2）适度平衡和净化空气质量，调节温度、吸收噪声，提升地下空间环境质量及美学质量。

（3）组织和引导空间，有助于地下空间与地面外部空间的自然引导过渡、空间分隔与限定、空间暗示与导向等。

（4）增加异质性和亲近感，丰富地下空间的表现力，满足人们回归大自然的心理渴望。

（5）在调节精神、放松心情、营造舒适性，尤其对调节视觉、消除疲劳和紧张感方面具有独特作用，在火灾发生时能够抑制火情、防止火势蔓延，对地下建筑起到保护作用。

（二）环境绿化空间类型

依据地下空间环境自然光照条件的特殊性，我们将环境绿化的空间类型分为三大类。即全地下式空间、半地下式空间和下沉式空间。

1. 全地下式

全地下式空间即一般意义上的地下空间，是相对于具有自然光照条件的地下空间而言的，具有恒温恒湿、封闭独立、空气流动差等特点，其绿化主要是根据地下空间的内部特性选择合适的植物导入，并充分做好养护管理工作。

2. 半地下式

半地下式空间主要指地下中庭空间，它是相对于全地下式空间而言的，是重点绿化空间。半地下式空间既处于地下空间环境中，又具有一定光照条件，是地下空间内部的"室外空间"，当前一些具有太阳光导入的地下空间也属于此类。地下中庭空间是指在大型地下公共建筑中由多层地下建筑各种相对独立的功能空间围合并垂直叠加而形成的中庭空间。它一般有大型采光玻璃顶棚，可得到充沛的光照，其内部可进行自下而上的立体绿化，周围各层功能空间在水平方向又延伸扩展并交汇到中庭开阔空间，使地下空间结构形成深邃、立体而丰富多变的层次。

3. 下沉式

下沉式空间是指与地平面有一个高差并连接地下建筑的出入口和地面的开敞式的过渡空间。它包括在大型地下建筑综合体中已较为普遍应用的下沉广场以及近年来比较流行的下沉庭院等。人们通过下沉广场从地面进入地下空间，可大大减少地上与地下的环境反差。沿下沉广场周围布置的地下各功能空间，通过大玻璃门窗或开敞通道，亦可得到一定量的天然光照和空间开敞感。下沉庭院是地下建筑的各功能空间围绕一个或数个与地面开敞的天井或下沉式小庭院布局，并面向天井或小庭院开设大面积玻璃门窗等形成的。下沉式空间由于具有充足的光照条件，是地下空间中最理想的绿化场所，其绿化可以参照地面绿化方式进行。

参考文献

[1] 吴昊，于文波．环境设计装饰材料应用艺术 [M]．天津：天津人民美术出版社．2004.

[2] 李瑞君．环境艺术设计及其理论 [M]．北京：中国电力出版社．2007.

[3] 薛再年，吴昆，顾艳秋，尚娜，王艳玲，孙中华等．环境艺术设计理论与实际应用 [M]．北京：中国书籍出版社．2014.

[4] 周峻岭．环境艺术设计理论与实践应用 [M]．北京：中国商务出版社．2016.

[5] 杨光．当代环境艺术设计理论与探索 [M]．延吉：延边大学出版社．2017.

[6] 蒋蒙．环境艺术设计基础理论研究 [M]．延吉：延边大学出版社．2017.

[7] 郑彦洁．环境艺术设计理论研究 [M]．延吉：延边大学出版社．2017.

[8] 宁吉．环境艺术设计理论与实践 [M]．长春：吉林美术出版社．2017.

[9] 张贺，董琨．环境艺术设计理论与应用研究 [M]．长春：吉林文史出版社．2018.

[10] 张愜寅．环境艺术设计理论与实践 [M]．北京：金盾出版社．2018.

[11] 洪京．环境艺术设计理论与应用 [M]．吉林出版集团股份有限公司．2018.

[12] 李永慧．环境艺术与艺术设计 [M]．吉林出版集团股份有限公司．2019.

[13] 王佳．环境艺术设计基础研究 [M]．北京：北京工业大学出版社．2019.

[14] 田原，杨冬丹．环境艺术装饰材料设计与应用 [M]．北京：中国电力出版社．2019.

[15] 俞洁．环境艺术设计理论和实践研究 [M]．北京：北京工业大学出版社．2019.

[16] 唐铭崧．环境艺术设计方法及实践应用研究 [M]．中国原子能出版社．2019.

[17] 徐莉．陶瓷艺术在环境艺术设计中的应用 [M]．天津：天津人民美术出版社．2020.

[18] 陈媛媛．环境艺术设计原理与技法研究 [M]．长春：吉林美术出版社．2020.

[19] 飞新花．环境艺术设计理论与应用研究 [M]．长春：吉林大学出版社．2021.

[20] 范蓓，盛楠，白颖．环境艺术设计原理 [M]．武汉：华中科技大学出版社．2021.